ISBN 978-3-662-23310-8   ISBN 978-3-662-25343-4 (eBook)
DOI 10.1007/978-3-662-25343-4

INHALTSÜBERSICHT

Ausführliche Einzelprospekte stehen, soweit vorhanden, auf Wunsch
gern zur Verfügung

Die mit **B** bezeichneten Werke und Zeitschriften
sind im Verlage von J. F. Bergmann, München, erschienen

Mathematik

Betz, Dipl.-Ing. Dr. phil. Albert, Direktor des Max-Planck-Instituts für Strömungsforschung und Professor an der Universität Göttingen, **Konforme Abbildung.**

Mit 276 Bildern. VIII, 359 Seiten. 1948. DMark 36.—

Das vorliegende Buch will vor allem den vielen Ingenieuren und Naturwissenschaftlern, welche dieses wichtige mathematische Hilfsmittel für ihre praktischen Aufgaben brauchen, die Grundlagen der konformen Abbildung in einer ihrer Ausbildung angepaßten Form vermitteln. Aus diesem Grunde werden Vorkenntnisse aus der mathematischen Funktionentheorie nicht vorausgesetzt, sondern umgekehrt die Leser an Hand von anschaulichen Beispielen in diese mathematische Disziplin eingeführt, die dann erst später für weitere Aufgaben Verwendung findet. Wenn das Buch demnach nicht eigentlich für Mathematiker geschrieben ist, so dürfte es aber doch auch für diese als Gesamtdarstellung dieses Sondergebietes von Interesse sein und vielleicht gerade wegen der Eigenart der stark auf der geometrischen Anschauung beruhenden Darstellung manche Anregung bieten.

Inhaltsübersicht: 1. Einführung und einfache Beispiele. 2. Elektrische Stromfelder. 3. Weitere Beispiele und Folgerungen. 4. Allgemeine Erkenntnisse. 5. Auftreten der konformen Abbildung in anderen Gebieten der Physik. 6. Zusammenhang der konformen Abbildung mit der Theorie der komplexen Funktionen. 7. Abbildung durch einfache Funktionen. 8. Einige zusammengesetzte Funktionen. 9. Behandlung gegebener Abbildungsaufgaben. 10. Doppelperiodische Felder. 11. Freie Strahlen. Übersicht über die wichtigsten behandelten Abbildungen. Namen- und Sachverzeichnis.

Courant, R., o. Professor an der Universität Göttingen, **Vorlesungen über Differential- und Integralrechnung.**

Erster Band: **Funktionen einer Veränderlichen.** Zweite, verbesserte Auflage. Mit 126 Textfiguren. XIV, 410 Seiten.

1930. Neudruck 1948. DMark 24.—

Zweiter Band: **Funktionen mehrerer Veränderlicher.** Zweite, verbesserte und vermehrte Auflage. Mit 106 Textfiguren. VIII, 412 Seiten.

1931. Neudruck 1948. DMark 24.—

Das Buch wendet sich an jedermann, der sich auf der Grundlage normaler Schulkenntnisse ernstlich um die Wissenschaft und ihre Anwendungen bemühen will, sei er Student an der Universität oder Technischen Hochschule, sei er Lehrer oder Ingenieur.

Ergebnisse der Mathematik und ihrer Grenzgebiete. Herausgegeben von Professor Dr. **F. K. Schmidt**-Münster i. Westf. und Professor Dr. **E. Sperner**-Bonn.

Folgende Beiträge sind in Vorbereitung:

Funktionen mehrerer Veränderlicher. Von Professor Dr. **H. Behnke**-Münster i. Westf. und Dr. **K. Stein**-Münster i. Westf.

Additive Zahlentheorie. Von Dr. **H. H. Ostmann**-Berlin.

Grundlagen der Mathematik. Von Professor Dr. **Arnold Schmidt**-Marburg a. d. Lahn.

Ergebnisse der angewandten Mathematik. Herausgegeben von Professor Dr. **F. Lösch**-Stuttgart.

Folgende Beiträge sind in Vorbereitung:

Die konfluente hypergeometrische Funktion mit besonderer Berücksichtigung ihrer Anwendungen. Von Dozent Dr.-Ing. habil. **H. Buchholz**-Darmstadt.

Die praktische Behandlung von Integralgleichungen. Von Dr. **H. Bückner**-Minden (Westf.).

Elastische Schwingungen. Von Professor Dr. **E. Mettler**-Clausthal-Zellerfeld.

Die Charakteristikenmethode zur Integration hyperbolischer partieller Differentialgleichungen. Von Dozent Dr. **W. Meyer-König**-Stuttgart.

Gebelein, Dozent Dr. phil. habil. H., Landshut (Bayern), und Dr. med. **H.-J. Heite,** wissenschaftlicher Assistent an der Univ.-Hautklinik Münster i. Westf., **Statistische Urteilsbildung.** Erläutert an Beispielen aus Medizin und Biologie. Mit einem Geleitwort von Professor Dr. med. C. Moncorps, Direktor der Hautklinik der Westfälischen Landesuniversität Münster. Mit 50 Abbildungen und 20 Beispielen. XVI, 192 Seiten. 1951. DMark 15.60

Inhaltsübersicht: Geleitwort. Vorwort. Literaturhinweise. Inhaltsverzeichnis. Verzeichnis der Beispiele. Bezeichnungen und Abkürzungen. Das griechische Alphabet. Einleitung. *I. Bearbeitung einer Beobachtungsreihe für ein ganzzahliges Merkmal. II. Behandlung einer kurzen Beobachtungsreihe mit stetigem Merkmal. III. Aufbereitung umfangreicheren statistischen Materials mit stetigem Merkmal. IV. Normalverteilungen. V. Die normierte GAUSSsche Verteilung. VI. Normalverteilungen zweiter Art. VII. Zwei Anwendungen der gleitenden Durchschnitte. VIII. Korrelation zweier Beobachtungsreihen. IX. Korrelation zwischen drei Beobachtungsreihen. X. Korrelation bei einer zweiparametrigen Häufigkeitsverteilung. XI. Bemerkungen über den Gebrauch der einfachsten Korrelationstabellen mit zwei oder drei Spalten und Zeilen. XII. Zweiparametrige Normalverteilungen erster und zweiter Art. XIII. Die Methode der Prüffunktionen. XIV. Die drei kombinatorischen und statistischen Schlüsse und ihre Anwendung. XV. Die Betrachtungsweise der Vertrauens- und Mutungsgrenzen. XVI. Verfahren zur Beurteilung einer sehr geringen Korrelation.* Anhang. Tafel für e^x. Wurzeltafel. Sachverzeichnis.

Grammel, R., Der Kreisel. Siehe Seite 24.

Grundlehren, Die, der mathematischen Wissenschaften in Einzeldarstellungen mit besonderer Berücksichtigung der Anwendungsgebiete. Herausgegeben von **R. Grammel, E. Hopf, F. K. Schmidt, B. L. van der Waerden.**

Band I: **Vorlesungen über Differentialgeometrie.** [I. Teil: Elementare Differentialgeometrie. Von **W. Blaschke,** Professor an der Universität Hamburg. Vierte, unveränderte Auflage. Mit 35 Textfiguren. X, 311 Seiten. 1945. Vergriffen.

Band II: **Theorie und Anwendung der unendlichen Reihen.** Von Dr. **Konrad Knopp,** o. Professor der Mathematik an der Universität Tübingen. Vierte Auflage. Mit 14 Textfiguren. XII, 583 Seiten. 1947.

DMark 39.60

Inhaltsübersicht: Einleitung. *Erster Teil: Reelle Zahlen und Zahlenfolgen.* Grundsätzliches aus der Lehre von den reellen Zahlen. Reelle Zahlenfolgen. *Zweiter Teil: Grundlagen der Theorie der unendlichen Reihen.* Reihen mit positiven Gliedern. Reihen mit beliebigen Gliedern. Potenzreihen. Die Entwicklungen der sog. elementaren Funktionen. Unendliche Produkte. Geschlossene und numerische Auswertung der Reihensumme. *Dritter Teil: Ausbau der Theorie.* Reihen mit positiven Gliedern. Reihen mit beliebigen Gliedern. Reihen mit veränderlichen Gliedern (Funktionenfolgen). Reihen mit komplexen Gliedern. Divergente Reihen. Die EULERsche Summenformel. Asymptotische Entwicklungen. Literatur. Namen- und Sachverzeichnis.

Band IV: **Die mathematischen Hilfsmittel des Physikers.** Von Dr. **Erwin Madelung,** o. Professor der theoretischen Physik an der Universität Frankfurt a. M. Vierte, vermehrte und verbesserte Auflage. Mit 29 Textabbildungen. XX, 531 Seiten. 1950.

DMark 47.—; Ganzleinen DMark 49.70

Aus dem Vorwort: In der neuen Auflage hat das Buch seinen alten Charakter bewahrt. Allerdings ist in ihm mehr als in den früheren die persönliche Stellung des Autors zu den Dingen zum Ausdruck gebracht. Daß es etwas umfangreicher geworden ist, ist durch die vielen Zusätze begründet, mit denen der Verfasser seinen Wert steigern wollte. An einigen Stellen waren auch Kürzungen möglich. Im physikalischen Teil hat sich der Verfasser weiter bemuht, das Grundsätzliche, d. h. die Verknüpfung des mathematischen und physikalischen Gedankens recht deutlich herauszuarbeiten. — Das Buch soll mehr als ein einfaches Nachschlagebuch oder nur eine Formelsammlung sein. Es sind in ihm mancherlei Gedanken ausgesprochen, die bisher nicht Allgemeingut sind und die für den Verfasser ein Programm bedeuten. — Im einzelnen ist folgendes zu bemerken: Ein erstes Kapitel über „Zahlen, Funktionen und Operatoren" ist neu hinzugefügt. In ihm haben viele Dinge ihren Platz gefunden, die erst in den letzten Jahrzehnten für den Physiker unentbehrlich geworden sind. Andere Zusätze von geringerem Umfang sind über das ganze Buch verstreut und wesentlich nach methodischen Gesichtspunkten eingeordnet worden. Einige Abschnitte, so die über Relativitätstheorie, Quantentheorie und Thermodynamik sind ganz neu verfaßt.

[Die Grundlehren der mathematischen Wissenschaften.]

Inhaltsübersicht: Erster Teil: **Mathematik.** Das Begriffssystem der Mathematik. *Zahlen, Funktionen und Operatoren.* Zahlen, Mehrdimensionale Zahlen. Zahlenfolgen und Funktionen. Operatoren. *Differential- und Integralrechnung.* Definitionen und Bezeichnungen. Differentiationsregeln. Differentiations- und Integrations-Tabelle. Integrationsmethoden. Bestimmte Integrale. Differenzenrechnung. *Reihen und Reihenentwicklungen. Funktionen.* Allgemeine Funktionentheorie. Spezielle Funktionen. *Algebra.* Lineare Gleichungen. Matrizen. Determinanten. Kombinatorik. *Transformationen.* Allgemeine Transformationen. Lineare Transformationen. Berührungstransformation (Kontakttransformation). *Vektoranalysis.* Vektoren im dreidimensionalen euklidischen Raum. Tensoren im Dreidimensionalen. Vektoren und Tensoren in beliebig-dimensionalen Räumen. *Spezielle Koordinatensysteme.* Zweidimensionale Systeme. Dreidimensionale Systeme. N-dimensionale Polarkoordinaten. *Gruppentheorie.* Allgemeine Definitionen und Sätze. Kontinuierliche Gruppen. Darstellungstheorie. Spezielle Gruppen. *Differentialgleichungen.* Allgemeines über Differentialgleichungen. Gewöhnliche Differentialgleichungen. Partielle Differentialgleichungen. Lineare Probleme. Störungstheorie. *Integralgleichungen.* Integralgleichungen zweiter, erster Art. *Variationsrechnung.* Zurückführung auf Differentialgleichungen. Direkte Lösungsmethoden. *Statistik (Wahrscheinlichkeitsrechnung).* Grundbegriffe. Statistik der Serien. Ausgleichsrechnung. Zweiter Teil: **Physik.** Das Begriffssystem der theoretischen Physik. *Mechanik.* Die Grundlagen der Punktmechanik. Problemstellungen. Mechanik des einzelnen Massenpunktes. Systeme von Massenpunkten. Mechanik der Kontinua. *Elektrodynamik* (einschließlich Optik). Allgemeine Theorie. Spezielle Fälle. *Relativitätstheorie.* Spezielle, allgemeine Relativitätstheorie. *Quantentheorie.* Ältere Theorie. Neuere Theorie (Wellenmechanik). *Thermodynamik. Statistische Methoden.* Diskrete Zustände. Statistische Mechanik. Fermi- und Bose-Statistik. *Anhang.* Literaturverzeichnis. Sachverzeichnis.

Band X: **Der Ricci-Kalkül.** Von Professor Dr. **J. A. Schouten**-Amsterdam. Zweite Auflage. In Vorbereitung.

Band XI: **Numerisches Rechnen.** Von Geheimrat Professor Dr. **C. Runge** † und Professor Dr. **H. König**-Clausthal. Zweite Auflage, bearbeitet von Professor Dr. **H. König**-Clausthal. In Vorbereitung.

Band XXVII: **Grundzüge der theoretischen Logik.** Von **D. Hilbert** † und Dr. **W. Ackermann**-Lüdenscheid. Dritte, verbesserte Auflage. VIII, 155 Seiten. 1949. DMark 16.50; Ganzleinen DMark 19.80

Aus dem Vorwort: Die Veränderungen gegenüber der zweiten Auflage sind verhältnismäßig gering. Abgesehen von kleineren Verbesserungen und Zusätzen haben § 1 und § 2 des zweiten Kapitels, bei denen die bisherige Darstellung reichlich kurz war, eine Erweiterung erfahren. Im dritten Kapitel sind die Fassungen der Einsetzungsregel für die Prädikatenvariablen und des GÖDELschen Vollständigkeitssatzes verbessert, beim Entscheidungsproblem neue Fortschritte nachgetragen worden. Am stärksten verändert hat sich der in § 5 des vierten Kapitels gegebene Aufbau des Stufenkalküls. Ein kurzer Schlußabschnitt ist hinzugekommen.

Inhaltsverzeichnis: Einleitung. Erstes Kapitel: *Der Aussagenkalkül.* Einführung der logischen Grundverknüpfungen. Äquivalenzen; Entbehrlichkeit von Grundverknüpfungen. Normalform für die logischen Ausdrücke. Charakterisierung der immer richtigen Aussagenverbindungen. Das Prinzip der Dualität. Die dis-

[Die Grundlehren der mathematischen Wissenschaften.]
junktive Normalform für logische Ausdrücke. Mannigfaltigkeit der Aussagenverbindungen, die aus gegebenen Grundaussagen gebildet werden können. Ergänzende Bemerkungen zum Problem der Allgemeingültigkeit und Erfüllbarkeit. Systematische Übersicht über alle Folgerungen aus gegebenen Axiomen. Die Axiome des Aussagenkalküls. Beispiele für die Ableitung von Formeln aus den Axiomen. Die Widerspruchsfreiheit des Axiomensystems. Die Unabhängigkeit und Vollständigkeit des Systems. — Zweites Kapitel: *Der Klassenkalkül* (einstellige Prädikatenkalkül). Inhaltliche Umdeutung der Symbolik des Aussagenkalküls. Vereinigung des Klassenkalküls mit dem Aussagenkalkül. Systematische Ableitung der traditionellen Aristotelischen Schlüsse. — Drittes Kapitel: *Der engere Prädikatenkalkül*. Unzulänglichkeit des bisherigen Kalküls. Methodische Grundgedanken des Prädikatenkalküls. Vorläufige Orientierung über den Gebrauch des Prädikatenkalküls. Genaue Festlegung der Bezeichnungen im Prädikatenkalkül. Die Axiome des Prädikatenkalküls. Das System der identischen Formeln. Die Ersetzungsregel; Bildung des Gegenteils einer Formel. Das erweiterte Dualitätsprinzip; Normalformen. Die Widerspruchsfreiheit und Unabhängigkeit des Axiomensystems. Die Vollständigkeit des Axiomensystems. Ableitung der Schlußfolgerungen aus gegebenen Voraussetzungen; Zusammenhang mit den identischen Formeln. Das Entscheidungsproblem. — Viertes Kapitel: *Der erweiterte Prädikatenkalkül*. Der Prädikatenkalkül der zweiten Stufe. Einführung von Prädikatenprädikaten; logische Behandlung des Anzahlbegriffs. Darstellung der Grundbegriffe der Mengenlehre im erweiterten Kalkül. Die logischen Paradoxien. Der Stufenkalkül. Anwendungen des Stufenkalküls. Abschließende Bemerkungen zum Stufenkalkül. Sachverzeichnis.

Band XXXIII: **Moderne Algebra.** Von Dr. **B. L. van der Waerden,** Professor der Mathematik an der Universität Amsterdam. Unter Benutzung von Vorlesungen von E. Artin und E. Noether. Erster Teil. Dritte, verbesserte Auflage. VIII, 292 Seiten. 1950.
DMark 24.—; Ganzleinen DMark 27.—

Diese Neuauflage ist völlig modernisiert und revidiert. Schon in der zweiten Auflage wurde die Bewertungstheorie stark ausgebaut. Sie hat inzwischen in der Zahlentheorie und in der algebraischen Geometrie ihre Wichtigkeit immer mehr erwiesen. Daher wurde das Kapitel Bewertungstheorie sehr viel ausführlicher und deutlicher gestaltet. Vielfachem Wunsche entsprechend wurden die Abschnitte über Wohlordnung und transfinite Induktion, die in der zweiten Auflage fortfielen, wieder aufgenommen, und darauf fußend die STEINITZsche Körpertheorie wieder in voller Allgemeinheit gebracht. Die Einführung des Polynombegriffes ist leichter faßlich gemacht; die Theorie der Normen und Spuren wurde verbessert.

Inhaltsübersicht: Einleitung. Zahlen und Mengen. Gruppen. Ringe und Körper. Ganze rationale Funktionen. Körpertheorie. Fortsetzung der Gruppentheorie. Die Theorie von GALOIS. Unendliche Körpererweiterungen. Reelle Körper. Bewertete Körper. — Sachverzeichnis.

Band XLI: **Vorlesungen über die Theorie der Polyeder,** unter Einschluß der Elemente der Topologie. Von **Ernst Steinitz.** Aus dem Nachlaß herausgegeben und ergänzt von **Hans Rademacher.** Mit 190 Abbildungen. VIII, 351 Seiten. 1934.
DMark 27.—

[Die Grundlehren der mathematischen Wissenschaften.]
Inhaltsübersicht: Historische Übersicht über die Entwicklung der Lehre von den Polyedern. — Polyedrische Komplexe. Topologische Äquivalenz normaler polyedrischer Komplexe. Polyeder im engeren Sinne. — Geometrische Realisierung der Polyeder. Analytisch-geometrische Methoden. Rein geometrische Methoden. Namen- und Sachverzeichnis.

Band XLVI: **Eindeutige analytische Funktionen.** Von Professor Dr. **R. Nevanlinna**-Helsinki. Zweite Auflage. In Vorbereitung.

Band XLIX: **Geometrie der Gewebe.** Topologische Fragen der Differentialgeometrie. Von Professor Dr. **Wilhelm Blaschke**-Hamburg und Dr. **Gerrit Bol**-Hamburg. Mit 137 Figuren. VIII, 339 Seiten. 1938.
DMark 28.50; Ganzleinen DMark 29.70

Die Darstellung ist möglichst breit und einfach gehalten. Das Buch dürfte für mathematische Studenten in den mittleren Semestern ohne große Schwierigkeiten lesbar sein. Trotzdem ist auf die bei topologischen Untersuchungen so notwendige Strenge nicht verzichtet. Die Aufgaben und Lehrsätze, die jedem Paragraphen folgen, sind nicht nur als Übungsaufgaben gedacht, sie geben vielmehr auch eine zwangslose Zusammenstellung solcher Ergebnisse und offener Fragen, die mit dem Text in Zusammenhang stehen, aber dort keinen Platz finden konnten.

Band LII: **Formeln und Sätze für die speziellen Funktionen der mathematischen Physik.** Von Dr. **Wilhelm Magnus,** Professor der Mathematik an der Universität Göttingen, und Dr. **Fritz Oberhettinger,** Dozent für Mathematik an der Universität Mainz. Zweite Auflage. VIII, 230 Seiten. 1948.
DMark 24.60

Aus dem Vorwort: Die zunehmende Verwendung mathematischer Hilfsmittel in der physikalischen und technischen Literatur macht ein ständiges Nachschlagen in umfangreichen, mitunter schwer zugänglichen Werken der mathematischen Fachliteratur und in zahlreichen Einzelarbeiten notwendig. Dabei gibt es aber eine sehr große Zahl von Resultaten, insbesondere von Formeln, die sich auf geringem Raum wiedergeben lassen und einen großen Teil dessen ausmachen, was immer wieder gebraucht wird und immer wieder mit Mühe zusammengesucht werden muß. Die vorliegende Übersicht über die Eigenschaften einer Reihe von speziellen Funktionen wird hier von Nutzen sein. — Die zweite Auflage unterscheidet sich von der ersten durch kleinere und größere Zusätze. Das Kapitel über elliptische Funktionen wurde völlig neu geschrieben; sein Umfang hat sich verdoppelt. Größere Zusätze finden sich bei der allgemeinen und der konfluenten hypergeometrischen Funktion, den Zylinderfunktionen und der Gammafunktion. Als Anhang wurde ein Abschnitt über elementare Funktionen angefügt, der einige Fourierreihen und solche Formeln enthält, die bei der Untersuchung der im Hauptteil des Buches behandelten Funktionen von Bedeutung sind. Ferner wurden bei den Integraldarstellungen mehrfach auch Kontur-Integrale mit herangezogen.

[Die Grundlehren der mathematischen Wissenschaften.]

Inhaltsübersicht: 1. Die Gammafunktion. 2. Die hypergeometrische Funktion. 3. Zylinderfunktionen. 4. Kugelfunktionen. 5. Orthogonale Polynome. 6. Die konfluente hypergeometrische Funktion und ihre Spezialfälle. 7. Elliptische Integrale, Thetafunktionen und elliptische Funktionen. 8. Integraltransformationen und Integralumkehrungen. 9. Koordinaten-Transformationen. *Anhang:* 1. Fourierreihen, Partialbruch- und Produktdarstellungen einiger elementarer Funktionen. 2. Einige Summenformeln. Zusammenstellung der benutzten Abkürzungen. Verzeichnis der Funktionssymbole. Literaturverzeichnis. Sach- und Namenverzeichnis.

Band LIII: Rechenmethoden der Quantentheorie dargestellt in Aufgaben und Lösungen. I. Teil: Elementare Quantenmechanik. Von Dr. Siegfried Flügge, o. Professor an der Universität Marburg, unter Mitarbeit von Dr. Hans Marschall-Marburg. Mit 18 Abbildungen. X, 240 Seiten. 1947. DMark 18.—

Inhaltsverzeichnis: Einleitung. Unrelativistische Wellenmechanik. Relativistische Wellenmechanik. *Aufgaben.* Ebene Wellen. Wellenpaket. Korpuskel im Potentialkasten. Eindimensionaler Potentialtopf. Ein stückweise konstantes Potential. Potentialstufe im endlichen Grundgebiet. Desgleichen mit aufgesetzter Wand. Endliches Grundgebiet mit Scheidewand. Eckige Potentialschwelle. Ausgeglichene Potentialstufe. Das Potential $1/\cos^2 \alpha \varkappa$ als anharmonischer Oszillator. Die unsymmetrische Potentialmulde $V_1/\sin^2 \alpha \varkappa + V_2/\cos^2 \alpha \varkappa$. Harmonischer Oszillator. Das eindimensionale KEPLER-Problem. Der freie Fall. Stückweise konstantes periodisches Potential. Periodisch errichtete Potentialwände. Zylindersymmetrisches Potential. Streuung am undurchdringlichen Zylinder. Zweidimensionales KEPLER-Problem. Kugelsymmetrisches Potential; Kugelfunktionen. Veranschaulichung einiger Kugelfunktionen. Eigenwerte des Drehimpulses. Beschränkter Rotator. Korpuskel in Potentialkugel. Kugelsymmetrischer Oszillator. Entartung beim kugelsymmetrischen Oszillator. Rotationsschwingungsspektrum. Entwicklung der ebenen Welle nach Kugelfunktionen. Streuung an einer undurchdringlichen Kugel. Streuung an einer Kugel konstanten Potentials. Streuung an $V(r)$, Methode der Partialwellen. Streuung an einer Potentialmulde. Eigenwerte zur Potentialmulde von Aufg. 33. KEPLER-Problem, positive Energien. KEPLER-Problem, Eigenwerte bei negativen Energien. RUTHERFORDsche Streuformel in Parabelkoordinaten. Streuung an $V(r)$, BORNsche Näherung. RUTHERFORDsche Streuformel in BORNscher Näherung. Deuteronproblem mit $V = -Ae^{-r/a}$, exakt. Desgleichen, Näherungslösung. Desgleichen, Näherung durch RITZsches Verfahren. Potential $V(r)$ und homogenes Magnetfeld. Anregung durch eine Lichtwelle. Photoemission von Atomelektronen. Mitschwingen mit einer Lichtwelle. Brechungsexponent (Dispersion). Matrixelemente für eckigen Potentialtopf. Matrixelemente für den harmonischen Oszillator. Auswahlregeln für Dipolstrahlung. Spektrale Intensitäten für $V(r)$. Intensitätsverhältnis der BALMER-Linien. Umrechnung von Ablenkwinkeln. Separation von Schwerpunkts- und Relativbewegung. Gekoppelte lineare Oszillatoren, strenge Lösung. Störungsrechnung für zwei gekoppelte Systeme. Zeitlicher Verlauf des Austauschs. Ionisierungspotential des Heliumgrundzustandes. Neutrales Wasserstoffmolekül (chemische Bindung). Stoß zweier Edelgasatome. MOTTsche Streuformel. Streuung von Elektronen an H-Atomen. Zweidimensionale Tensoren, Pseudoskalar. Dreidimensionaler Pseudovektor und Pseudoskalar. Invarianz zweidimensionaler Wellengleichungen. Aufstellung zweidimensionaler DIRAC-Gleichungen. LORENTZ-Invarianz der DIRAC-Gleichung. SCHRÖDINGER-

[Die Grundlehren der mathematischen Wissenschaften.]
Gleichung als Grenzfall. Lösung der DIRAC-Gleichung im kräftefreien Fall. Spin der ebenen DIRAC-Welle in z-Richtung. Strom- und Raumdichte der ebenen DIRAC-Welle in z-Richtung. Spin der ebenen DIRAC-Welle in beliebiger Richtung. Reflexion am Potentialsprung nach DIRAC, senkrechte Inzidenz. Desgleichen, schräger Einfall. Ausgeglichene Potentialstufe nach DIRAC. Kugelsymmetrisches Potential nach DIRAC. Drehimpulssätze für $V(r)$ nach DIRAC. Bedeutung der Lösungen in $V(r)$ für $k = l$. KEPLER-Problem nach DIRAC (Feinstrukturformel). *Mathematischer Anhang.*

Band LIV: Tabellen zur Laplace-Transformation und Anleitung zum Gebrauch. Von Professor Dr. **G. Doetsch**-Freiburg i. Br. Professor Dr. **D. Voelker**-Mendoza und Dr. **H. Kniess**-Freiburg i. Br. Mit 9 Figuren. VIII, 185 Seiten. 1947. Vergriffen.

Band LV: Anwendung der elliptischen Funktionen in Physik und Technik. Von Dr. **Fritz Oberhettinger,** Dozent für Mathematik an der Universität Mainz, und Dr. **Wilhelm Magnus,** Professor der Mathematik an der Universität Göttingen. Mit 54 Abbildungen. VII, 126 Seiten. 1949.
DMark 15.60; Ganzleinen DMark 18.30

Aus dem Vorwort: Bei den Anwendungen der elliptischen Funktionen und Integrale auf die Behandlung physikalischer oder technischer Fragen werden nicht nur die grundlegenden Eigenschaften, sondern auch zahlreiche spezielle Formeln aus der Theorie dieser Funktionen gebraucht. Wir haben versucht, diesen Sachverhalt zu illustrieren durch eine Zusammenstellung von möglichst verschiedenartigen Beispielen; diese sind vorzugsweise nach mathematischen Gesichtspunkten ausgewählt, aber, soweit als möglich, nach den Anwendungsgebieten gruppiert worden. Mit Ausnahme der Sätze über einige konforme Abbildungen werden keine Resultate aus der Theorie der elliptischen Funktionen bewiesen; jedoch sind alle benutzten Formeln im ersten Kapitel zusammengestellt und, wo dies nötig erschien, mit einem Kommentar versehen worden. Einige Zahlentafeln sind beigefügt worden; diese sollen dem Benutzer des Buches eine rasche, wenn auch nicht allzu genaue numerische Auswertung von vielen der in den Beispielen auftretenden Formeln ermöglichen.

Inhaltsübersicht: 1. Hilfsmittel. 2. Konforme Abbildung und GREENsche Funktion. 3. Anwendung der elliptischen Funktionen auf Probleme der Elektrostatik. 4. Anwendung in Hydro- und Aerodynamik. 5. Vermischte Beispiele. Tabellen. Verzeichnis der Funktionen und Symbole.

Band LVI: Die Entwicklung der Infinitesimalrechnung. Eine Einleitung in die Infinitesimalrechnung nach der genetischen Methode. Von **Otto Toeplitz†.** Erster Band. Aus dem Nachlaß herausgegeben von Dr. **Gottfried Köthe,** Professor der Mathematik an der Universität Mainz. Mit 148 Abbildungen. IX, 181 Seiten. 1949.
DMark 19.60; Ganzleinen DMark 22.60

Inhaltsverzeichnis: Vorwort. *I. Das Wesen des unendlichen Prozesses:* Die Anfänge des infinitesimalen Denkens bei den Griechen. Die griechische Proportionslehre. Die Exhaustionsmethode der Griechen. Der Zahlbegriff der Neuzeit. Die

[Die Grundlehren der mathematischen Wissenschaften.]
Kreismessung des Archimedes und die Sinustafeln. Die unendliche geometrische Reihe. Die stetige Verzinsung. Periodische Dezimalbrüche. Der Begriff der Konvergenz und des Grenzwertes. Unendliche Reihen. Aufgaben zu Kapitel I. *II. Das bestimmte Integral:* Die Parabelquadratur des Archimedes. Fortführung nach 1880 Jahren. Vom Flächeninhalt zum bestimmten Integral. Unstrenge Infinitesimalmethoden. Der Begriff des bestimmten Integrals. Einige Sätze über das bestimmte Integral. Prinzipienfragen. *III. Differential- und Integralrechnung:* Tangentenaufgaben. Umgekehrte Tangentenaufgaben. Maxima und Minima. Geschwindigkeit. NAPIER. Der Fundamentalsatz. Die Produktregel. Partielle Integration. Funktion von Funktion. Transformation des Integrals. Die inverse Funktion. Die trigonometrischen Funktionen. Die zyklometrischen Funktionen. Die Funktionen von mehreren Funktionen. Integration rationaler Funktionen. Integration trigonometrischer Ausdrücke. Integration von Wurzelausdrücken. Die Grenzen expliziter Integration. Geschwindigkeit und Beschleunigung. Die Pendelbewegung. Koordinatentransformation. Elastische Schwingungen. Die beiden ersten KEPLERSchen Gesetze. Die Herleitung der beiden ersten ·KEPLERSchen Gesetze aus dem NEWTONSchen Gesetz. Das 3. KEPLERSche Gesetz. Zeittafel. Geschichtliche Anmerkungen. Übungen. Namen- und Sachregister.

Band LVII: Theoretische Mechanik. Eine einheitliche Einführung in die gesamte Mechanik. Von Dr. phil. **Georg Hamel,** o. Professor an der Technischen Universität Berlin-Charlottenburg, o. Mitglied der Deutschen Akademie der Wissenschaften. Mit 161 Abbildungen. XVI, 796 Seiten. 1949. DMark 63.—; Ganzleinen DMark 66.—

Aus dem Vorwort: Der Abfassung dieses Buches lagen hauptsächlich zwei Ziele zugrunde: Erstens sollte die ganze Mechanik als eine einheitliche Wissenschaft erscheinen, nicht in herkömmlicher Weise nach Punktmechanik einerseits, Mechanik der Kontinua andererseits getrennt, zweitens sollte die auf LAGRANGES unsterbliches Werk zurückgehende Methode eines einheitlichen Aufbaues auf den drei Säulen des Prinzips der virtuellen Arbeiten, des D'ALEMBERTSchen Prinzips und des LAGRANGESchen Prinzips der Befreiung konsequent durchgeführt werden. — Das schien um so nötiger, als LAGRANGE die dritte Säule zwar ständig benutzt, aber nicht klar hingestellt hat, und diese dritte Säule daher von den Nachfolgern nicht beachtet worden ist. Um den Unterschied dieser deduktiven Methode gegen die sonst meist gebrauchten synthetischen, mehr anschaulichen Methoden zu betonen, wurde das Buch „Theoretische Mechanik" genannt.

Inhaltsübersicht: *Aufbau der theoretischen Mechanik.* Der Begriff der Kraft und das NEWTONSche Grundgesetz. Statik gebundener Systeme von endlichem Freiheitsgrad. Statik der Systeme von unendlich vielen Freiheitsgraden. Die ersten allgemeinen Prinzipien der Kinetik. Holonome Systeme mit endlichem Freiheitsgrad. Die LAGRANGESchen Gleichungen. Mathematische Durcharbeitung. Die Minimalprinzipien. Der starre Körper im Raum. Nichtholonome Systeme von endlichem Freiheitsgrad. Anhang: Übersicht über die Grundlagen der Mechanik. *Aufgaben und Probleme der theoretischen Mechanik.* Namen- und Sachverzeichnis.

Band LVIII: Einführung in die Differentialgeometrie. Von Dr. **Wilhelm Blaschke,** Professor an der Universität Hamburg. Mit 57 Abbildungen. VII, 146 Seiten. 1950. DMark 16.—; Ganzleinen DMark 18.60

[Die Grundlehren der mathematischen Wissenschaften.]

Aus dem Vorwort: Dieses Lehrbuch schließt sich zwei Vorbildern an, nämlich an K. F. GAUSS und an E. CARTAN. Wie bei GAUSS werden die inneren Eigenschaften der Fläche bevorzugt, die nur von Messungen auf ihr selbst abhängen und deshalb bei Biegungen erhalten bleiben. Während sich aber die Flächenlehre von GAUSS auf die Betrachtung quadratischer Differentialformen stützt, werden hier nach CARTAN Linearformen benutzt, wie sie PFAFF eingeführt hat.

Inhaltsverzeichnis: *Vektoren, Determinanten, Matrizen:* Vektorsumme. Inneres Produkt. Polarprodukte, Determinanten. Äußeres Produkt. Matrizen. *Streifen und Linien:* Begleitendes Dreibein. Integralinvarianten eines Streifens. Drehung eines Streifens um seine Linie. Vierscheitelsatz. Schmiegkreis, Schmiegkugel. Formänderung eines Streifens. Aufgaben, Lehrsätze. Böschungslinien auf Drehquadriken. Die isoperimetrische Haupteigenschaft des Kreises. PFAFFsche *Formen:* Alternierendes Produkt. Äußeres Differential. Zu einem Paar PFAFFscher Formen gehörige Ableitungen. Alternierende Differentialformen. *Innere Flächenlehre:* Geschichtliche Angaben. Grundgleichungen. Flächenmaß und Gesamtkrümmung. Biegungsinvarianz des Krümmungsmaßes. Die Integralformel von GAUSS und BONNET. Übertragung auf einer Fläche. Ausdehnung der Formel von GAUSS und BONNET auf eckige Bereiche. Die Formel von GAUSS und BONNET für geschlossene Flächen. Schiefwinklige Liniennetze. Aufgaben, Lehrsätze. *Geodätische Linien:* Geodätische als Kürzeste. Flächen festen Krümmungsmaßes. H. POINCARÉS Halbebene und die hyperbolische Geometrie. Parallellinien auf einer Fläche. Formeln von GREEN. Netze von LIOUVILLE. Verlauf der Geodätischen auf einer gewissen Fläche fester negativer Krümmung. Winkeltreue Abbildung. Aufgaben, Lehrsätze. *Äußere Flächenlehre:* Hauptkrümmungen. Krümmung der Flächenlinien. Der Satz von DUPIN über rechtwinklige Flächennetze. Die winkeltreuen Abbildungen des Raumes. Schmieglinien. Schmieglinien auf geradlinigen Flächen. Starrheit der Eiflächen. Formänderungen einer Fläche. Aufgaben, Lehrsätze. *Minimalflächen:* Minimalflächen als Schiebflächen. Ermittlung der Schmieglinien und Krümmungslinien. Adjungierte Minimalflächen. Biegung von Minimalflächen. Formeln von RIEMANN und WEIERSTRASS. Die Minimalflächen von SCHERK. Die Minimalflächen von ENNEPER. Ausblick auf PLATEAUS Aufgabe. Aufgaben, Lehrsätze. Schrifttum. Namen- und Sachweiser.

Band LIX: **Vorlesungen über Zahlentheorie.** Von **Helmut Hasse,** o. Professor an der Humboldt-Universität Berlin. Mit 28 Abbildungen. XII, 474 Seiten. 1950.   DMark 42.—; Ganzleinen DMark 45.—

Das Buch ist eine etwas erweiterte Wiedergabe einer zweisemestrigen einführenden Vorlesung. In vier Abschnitten wurden die Grundlagen über rationale Zahlen, die quadratischen Reste, der DIRICHLETsche Primzahlsatz und die quadratischen Zahlkörper behandelt. Eingeschaltet u. a. sind Ausführungen über vollkommene Zahlen, FERMATsche und MERSENNEsche Primzahlen, ARTINS Vermutung über Primitivwurzeln, Verteilungsfragen bei quadratischen Resten, Lösungsanzahl diophantischer Kongruenzen, elementar-analytische und funktionentheoretische Beweise des DIRICHLETschen Primzahlsatzes, rein-arithmetische Gestalt der Klassenzahlformeln für quadratische Zahlkörper, GAUSSsche Summen und Charaktersummen, KUMMERS Vermutung über kubische GAUSSsche Summen. Bei der Darstellung ist der induktive Charakter der Vorlesungen beibehalten. Das Buch ist als vorbereitende Grundlage für ein mehr systematisches Studium der höheren zahlentheoretischen Strukturgesetzlichkeiten (Arithmetik in algebraischen Zahlkörpern, Klassenkörpertheorie, Reziprozitätsgesetze) gedacht.

[Die Grundlehren der mathematischen Wissenschaften.]

Inhaltsübersicht: Erster Abschnitt. *Grundlagen:* Primzerlegung. Größter gemeinsamer Teiler. Vollkommene Zahlen, MERSENNEsche und FERMATsche Primzahlen. Kongruenz, Restklassen. Die Struktur der primen Restklassengruppen. Zweiter Abschnitt: *Quadratische Reste:* Definition, Reduktionen, Kriterien. Das quadratische Reziprozitätsgesetz: Elementarer Beweis. Das quadratische Reziprozitätsgesetz: Beweis mit GAUSSschen Summen. Die JACOBIsche Verallgemeinerung. Verteilungsfragen über quadratische Reste nach einer Primzahl. — Dritter Abschnitt. *Der* DIRICHLETsche *Primzahlsatz:* Elementare Sonderfälle. Die Methode von DIRICHLET. Die Charaktere endlicher abelscher Gruppen, Restklassencharaktere. Der Beweis von DIRICHLET. Das Nichtverschwinden der L-Reihen. — Vierter Abschnitt. *Quadratische Zahlkörper:* Elementare Teilbarkeitslehre. Divisorentheorie. Bestimmung der Klassenzahl. Quadratische Zahlkörper und quadratisches Reziprozitätsgesetz. Systematische Theorie der GAUSSschen Summen. Namen- und Sachverzeichnis.

B a n d LX: **Numerische Behandlung von Differentialgleichungen.** Eine Einführung. Von Professor Dr. **L. Collatz**-Hannover. Mit 110 Abbildungen und einem Porträt. Etwa 460 Seiten.

Erscheint etwa im April 1951.   DMark 45.—; Ganzleinen DMark 48.—

Inhaltsübersicht: Zur Beachtung bei den Zahlenbeispielen. *Anfangswertaufgaben bei gewöhnlichen Differentialgleichungen.* Vorbemerkungen und Hilfsmittel. Einfachere Summationsverfahren für Differentialgleichungen erster Ordnung. Das Runge-Kutta-Verfahren für Differentialgleichungen n-ter Ordnung. Differenzenschemaverfahren für Differentialgleichungen erster Ordnung. Differenzenschemaverfahren für Differentialgleichungen höherer Ordnung. *Randwertaufgaben bei gewöhnlichen Differentialgleichungen.* Vorbemerkungen. Das gewöhnliche Differenzenverfahren. Verbesserungen des gewöhnlichen Differenzenverfahrens. Zur Theorie der Differenzenverfahren. Allgemeines über die Minimalprinzipien. Das RITZsche Verfahren bei Randwertaufgaben zweiter Ordnung. Das RITZsche Verfahren bei Randwertaufgaben höherer Ordnung. Reihenansätze. Einige spezielle Verfahren für Eigenwertaufgaben. Weitere Methoden. *Anfangs- und Anfangsrandwertaufgaben bei partiellen Differentialgleichungen.* Vorbemerkungen. Einfache Beispiele für das gewöhnliche Differenzenverfahren. Weitere Bemerkungen zum gewöhnlichen Differenzenverfahren. Verbesserungen des Differenzenverfahrens. Partielle Differentialgleichung erster Ordnung für eine gesuchte Funktion. Charakteristikenverfahren bei Systemen von zwei Differentialgleichungen erster Ordnung. *Randwertaufgaben bei partiellen Differentialgleichungen.* Einleitung. Das gewöhnliche Differenzenverfahren. Verbesserungen des Differenzenverfahrens. Minimalprinzipien. Das RITZsche Verfahren. Das TREFFTZsche Verfahren. Ergänzungen. *Integral- und Funktionalgleichungen.* Allgemeine Methoden bei Integralgleichungen. Einige spezielle Verfahren bei linearen Integralgleichungen. Singuläre Integralgleichungen. VOLTERRAsche Integralgleichungen. Funktionalgleichungen. Namen- und Sachverzeichnis.

B a n d LXI: **Fastperiodische Funktionen.** Von **Wilhelm Maak,** Professor an der Universität Hamburg. VIII, 240 Seiten. 1950.

DMark 21.60; Ganzleinen DMark 24.60

Das vorliegende Buch handelt von den fastperiodischen Funktionen auf Gruppen. Die Theorie dieser Funktionen erfaßt als Spezialfälle u. a. die Fourierreihen periodischer Funktionen, die eigentlichen von H. BOHR geschaffenen fastperiodischen Funktionen und die Kugelfunktionen. Im Grunde ist die Theorie der fastperiodischen Funktionen auf Gruppen nichts anderes als die Darstellungstheorie beliebiger, also vor allem auch unendlicher Gruppen. Als wichtigste Anwendung der Hauptsätze über fastperiodische Funktionen auf Gruppen darf man wohl die v. Neumannsche Beweisführung ansehen, die zeigt, daß jede kompakte, n-dimensionale Gruppe eine treue endliche unitäre Darstellung besitzt. Hieraus kann gefolgert werden, daß jede kompakte n-dimensionale Gruppe eine Liesche kontinuierliche Gruppe ist. Das bekannte V. Hilbertsche Problem ist durch diesen Satz für den Fall kompakter Gruppen befriedigend gelöst. Alle angedeuteten Probleme, Sätze und Zusammenhänge werden in diesem Buche erläutert und bewiesen. Obwohl damit nur ein gewisser Ausschnitt aus dem Gesamtgebiet der Theorie fastperiodischer Funktionen wiedergegeben wird, dürfte der Leser wohl trotzdem durch die Lektüre in den Stand gesetzt werden, jede Abhandlung, die sich auf fastperiodische Funktionen bezieht, ohne Schwierigkeiten zu verstehen. In dem letzten Abschnitt dieses Buches wird außerdem versucht, in kurzen Worten einen Überblick über das Gesamtgebiet der fastperiodischen Funktionen zu geben. Einzelne Literaturhinweise sind diesem Abschnitt beigefügt.

An Kenntnissen setzt das Buch nicht mehr voraus, als was gegenwärtig in den Anfängervorlesungen der Universitäten geboten wird. Überall ist der Grundsatz verfolgt, alle benötigten Hilfsmittel in dem Buche selber gebrauchsfertig zu machen.

Inhaltsübersicht: *I. Von den Darstellungen endlicher Gruppen. II. Abstrakte Theorie der fastperiodischen Funktionen auf Gruppen:* Begriff der fastperiodischen Funktion. Mittelwerttheorie. Der Hauptsatz. *III. Periodische Funktionen. IV. Die eigentlichen fastperiodischen Funktionen:* Folgerungen aus der abstrakten Theorie. Elementarer Beweis des Approximationssatzes. Fourierreihen eigentlich fastperiodischer Funktionen. *V. Theorie der Darstellungen und Fourierreihen auf beliebigen Gruppen. VI. Kompakte Gruppen:* Die fastperiodischen Funktionen auf kompakten Gruppen. Zu Hilberts fünftem Problem. Konstruktion einer endlichen Darstellung. Die fastperiodischen Funktionen auf halbeinfachen Gruppen. *VII. Kugelfunktionen.* Anhang. Literaturhinweise. Sachverzeichnis.

Folgende Bände befinden sich in Vorbereitung:

Reelle Funktionen. Von Professor Dr. **G. Aumann**-Würzburg.

Grundlagen der euklidischen und nichteuklidischen Geometrie. Von Professor Dr. **F. Bachmann**-Kiel und Professor Dr. **K. Reidemeister**-Marburg a.d. Lahn.

Angewandte Potentialtheorie. Von Professor Dr. **W. Brödel**-Jena.

Algebren. Von Professor Dr. **M. Deuring**-Hamburg.

Arithmetische Theorie der algebraischen Funktionen. Von Professor Dr. **M. Deuring**-Hamburg.

Drei- und vierdimensionale Vektorenanalysis. Von Professor Dr. **A. Dinghas**-Berlin.

Theorie der quadratischen Formen. Von Professor Dr. **M. Eichler**-Münster i. Westf.

Theorie der Verbände. Von Dozent Dr. **J. Hermes**-Münster i. Westf.

Unendliche lineare Gleichungen. Von Professor Dr. **G. Köthe**-Mainz.

Mathematische Elastizitätstheorie. Von Professor Dr. **K. Marguerre**-Darmstadt.

Uniformisierungstheorie. Von Professor Dr. **R. Nevanlinna**-Helsinki.

Analytische Topologie. Von Professor Dr. **G. Nöbeling**-Erlangen.

[Die Grundlehren der mathematischen Wissenschaften.]

Anfangswertprobleme bei partiellen Differentialgleichungen. Von Professor Dr. **R. Sauer**-München.

Lamésche Funktionen. Von Professor Dr. **H. L. Schmid**-Berlin und Professor Dr. **J. Meixner**-Aachen.

Differentialgleichungen in funktionentheoretischer Behandlung. Von Professor Dr. **H. Schmidt**-Braunschweig.

Theorie der Bipotentiale. Von Professor Dr. **K. Schröder**-Berlin.

Allgemeine Mengenlehre. Von Professor Dr. **K. Schröter**-Berlin.

Transzendente Zahlen. Von Professor Dr. **Th. Schneider**-Göttingen.

Gruppentheorie. Von Professor Dr. **W. Specht**-Erlangen.

Funktionentheorie. Von Professor Dr. **E. Ullrich**-Gießen.

Theorie der kontinuierlichen Gruppen. Von Professor Dr. **E. Witt**-Hamburg.

Hamel, Dr. phil. Georg, o. Professor an der Technischen Universität Berlin, **Integralgleichungen.** Einführung in Lehre und Gebrauch. Z w e i t e, berichtigte Auflage. Mit 19 Abbildungen im Text. VIII, 166 Seiten. 1949.
DMark 15.60

Inhaltsübersicht: *Was ist eine Integralgleichung? Ergebnisse der mathematischen Theorie, insbesondere bei den linearen Integralgleichungen zweiter Art mit symmetrischem Kern:* Einleitende Bemerkungen. Einfachste Schwingungsaufgaben führen auf eine lineare Integralgleichung mit symmetrischem Kern. Zusammenhang mit den gewöhnlichen Differentialgleichungen erster und zweiter Ordnung. Der elementare Teil der Theorie. Die Beziehungen der Integralgleichungen zu den partiellen Differentialgleichungen der Physik und andere physikalische Anwendungen. Durchführung der Theorie für die symmetrischen Kerne. *Weitergehende Ausführungen:* Die lineare Integralgleichung erster Art. Ausgeartete unsymmetrische Integralgleichungen zweiter Art. Die FREDHOLMsche Theorie. Das Verfahren von ENSKOG. E. SCHMIDTS Theorie der unsymmetrischen Kerne. Quellenmäßige Darstellbarkeit und Entwickelbarkeit. Die polare Integralgleichung. HILBERTS erster Weg über ein algebraisches Problem zur Lösung linearer Integralgleichungen. Die Methode der unendlich vielen Variablen. Der HILBERTsche Raum. Unendlich viele lineare Gleichungen mit unendlich vielen Unbekannten. Die MATHIEUsche Gleichung. ABELS Integralgleichung. Singuläre Kerne. Beispiele. Eine Integralgleichung aus der Theorie der Tragflügel. Die Integralgleichung von L. FÖPPL. (Härteproblem von HERTZ.) Einige weitere Orthogonalsysteme und ihre Kerne. Das Schwingungsproblem von DUFFING. Nichtlineare Integralgleichungen. Namen- und Sachverzeichnis.

Heffter, Dr. Lothar, Professor an der Universität Freiburg i. Br., **Kurvenintegrale und Begründung der Funktionentheorie.** Mit 7 Textfiguren. IV, 48 Seiten. 1948.
DMark 5.40

Inhaltsübersicht: I. Vorkenntnisse aus der Theorie der reellen Funktionen. II. Stetige rektifizierbare ebene Kurven. III. Das Kurvenintegral. IV. Kurvenintegral und Stieltjes-Integral. V. Der reelle CAUCHYsche Integralsatz. VI. Funktionen einer komplexen Veränderlichen. VII. Angaben über Originalliteratur mit erläuternden Bemerkungen. Sachverzeichnis.

König, Professor Dr. R., München, und Professor Dr. **K. H. Weise**-Kiel, **Mathematische Grundlagen der höheren Geodäsie und Kartographie.**

Erster Band: Das Erdsphäroid und seine konformen Abbildungen. Mit etwa 109 zum Teil farbigen Abbildungen. XVIII, 522 Seiten. Etwa DMark 45.—; Ganzleinen etwa DMark 48.—

Inhaltsübersicht: Das Sphäroid. Berechnung der Krümmungsgrößen, des Meridian- und Parallelkreisbogens, der Oberfläche. Die drei komplexen Grund-Flächenvariablen $A = M, B, \Gamma$ für eine Drehfläche, insbesondere für Sphäroid und Kugel. Zwischenstück: Konforme Abbildung zweier Ebenen. Der geometrische Zusammenhang zwischen A, B, Γ. Analytische Darstellungsmittel (Reihen) für den Zusammenhang zwischen A, B, Γ und ihren Exponentialfunktionen. Die konforme Abbildung des Sphäroids auf Ebene, Kugel und Sphäroid. Die stereographischen Abbildungen, Kegelabbildungen und die allgemeine Bogenabbildung des Sphäroids. Die Transformationen der isothermen Koordinatensysteme. Verschiedene Projektionen des Erdsphäroids auf Ebene, Kugel und Drehellipsoid. — Hilfsmittel aus der Analysis. — Schriftenverzeichnis. Übersicht über die Bezeichnungen. Sachverzeichnis.

Zweiter Band: Die Grundprobleme der höheren Geodäsie.

In Vorbereitung.

Meyer zur Capellen, Dr.-Ing. W., Aachen, **Integraltafeln.** Sammlung unbestimmter Integrale elementarer Funktionen. VIII, 292 Seiten. 1950.

Ganzleinen DMark 36.—

Inhaltsübersicht: *1. Vorbemerkungen:* Regeln zum Integrieren. Regeln zum Differenzieren. Weitere Hilfsmittel zur Integration. Zum Gebrauch der Tafel. — *2. Integrale algebraischer Funktionen:* Integrale rationaler Funktionen. Integrale irrationaler Funktionen. Integrale algebraischer Funktionen, die auf elliptische Integrale führen. *3. Integrale transzendenter Funktionen:* Exponentialfunktion und Logarithmus. Integrale trigonometrischer und zyklometrischer Funktionen. Hyperbel- und Area-Funktionen. *4. Produkte algebraischer und transzendenter Funktionen* (geordnet nach den letzteren). Exponentialfunktion und Logarithmus. Trigonometrische und zyklometrische Funktionen. Hyperbel- und Area-Funktionen. *5. Produkte transzendenter Funktionen untereinander:* Integrale von der Form $\int g(x) \ln x\, dx$. Integrale von der Form $\int e^x g(x)\, dx$. *6. Zusammenstellung einiger wichtiger Konstanten, Reihen und Funktionen. 7. Schrifttum.*

Neiss, Dr. Fritz, Professor an der Humboldt-Universität Berlin, **Determinanten und Matrizen.** Dritte, verbesserte Auflage. Mit 1 Abbildung. VII, 111 Seiten. 1948. DMark 6.—

Das Buch enthält die wichtigsten Sätze aus der Theorie der Determinanten, das Rechnen mit Matrizen und die Behandlung linearer Gleichungen. — Das Buch wird den Studierenden den Übergang von der Schule zur Hochschule erleichtern und kann neben der Vorlesung oder zum Selbststudium gebraucht werden. Besondere Vorkenntnisse werden nicht vorausgesetzt. Gedankengänge, die dem Anfänger neu sind, werden ausführlich erläutert. Dagegen geben zahlreiche Beispiele und Aufgaben Gelegenheit zu selbständiger Arbeit. Die Anwendungen zeigen die Bedeutung der allgemeinen Theorie für die analytische und projektive Geometrie, besonderer Wert ist darauf gelegt, die Grundlagen für das Rechnen mit Vektoren zu schaffen.

König, Professor Dr. R., München, und Professor Dr. **K. H. Weise**-Kiel,
Mathematische Grundlagen der höheren Geodäsie und Kartographie.

Erster Band: Das Erdsphäroid und seine konformen Abbildungen. Mit etwa 109 zum Teil farbigen Abbildungen. XVIII, 522 Seiten. Etwa DMark 45.—; Ganzleinen etwa DMark 48.—

Inhaltsübersicht: Das Sphäroid. Berechnung der Krümmungsgrößen, des Meridian- und Parallelkreisbogens, der Oberfläche. Die drei komplexen Grund-Flächenvariablen $A = M$, B, Γ für eine Drehfläche, insbesondere für Sphäroid und Kugel. Zwischenstück: Konforme Abbildung zweier Ebenen. Der geometrische Zusammenhang zwischen A, B, Γ. Analytische Darstellungsmittel (Reihen) für den Zusammenhang zwischen A, B, Γ und ihren Exponentialfunktionen. Die konforme Abbildung des Sphäroids auf Ebene, Kugel und Sphäroid. Die stereographischen Abbildungen, Kegelabbildungen und die allgemeine Bogenabbildung des Sphäroids. Die Transformationen der isothermen Koordinatensysteme. Verschiedene Projektionen des Erdsphäroids auf Ebene, Kugel und Drehellipsoid. — Hilfsmittel aus der Analysis. — Schriftenverzeichnis. Übersicht über die Bezeichnungen. Sachverzeichnis.

Zweiter Band: Die Grundprobleme der höheren Geodäsie.

In Vorbereitung.

Meyer zur Capellen, Dr.-Ing. W., Aachen, **Integraltafeln.** Sammlung unbestimmter Integrale elementarer Funktionen. VIII, 292 Seiten. 1950.

Ganzleinen DMark 36.—

Inhaltsübersicht: *1. Vorbemerkungen:* Regeln zum Integrieren. Regeln zum Differenzieren. Weitere Hilfsmittel zur Integration. Zum Gebrauch der Tafel. — *2. Integrale algebraischer Funktionen:* Integrale rationaler Funktionen. Integrale irrationaler Funktionen. Integrale algebraischer Funktionen, die auf elliptische Integrale führen. *3. Integrale transzendenter Funktionen:* Exponentialfunktion und Logarithmus. Integrale trigonometrischer und zyklometrischer Funktionen. Hyperbel- und Area-Funktionen. *4. Produkte algebraischer und transzendenter Funktionen* (geordnet nach den letzteren). Exponentialfunktion und Logarithmus. Trigonometrische und zyklometrische Funktionen. Hyperbel- und Area-Funktionen. *5. Produkte transzendenter Funktionen untereinander:* Integrale von der Form $\int g(x) \ln x\, dx$. Integrale von der Form $\int e^x g(x)\, dx$. *6. Zusammenstellung einiger wichtiger Konstanten, Reihen und Funktionen. 7. Schrifttum.*

Neiss, Dr. Fritz, Professor an der Humboldt-Universität Berlin, **Determinanten und Matrizen.** Dritte, verbesserte Auflage. Mit 1 Abbildung. VII, 111 Seiten. 1948.

DMark 6.—

Das Buch enthält die wichtigsten Sätze aus der Theorie der Determinanten, das Rechnen mit Matrizen und die Behandlung linearer Gleichungen. — Das Buch wird den Studierenden den Übergang von der Schule zur Hochschule erleichtern und kann neben der Vorlesung oder zum Selbststudium gebraucht werden. Besondere Vorkenntnisse werden nicht vorausgesetzt. Gedankengänge, die dem Anfänger neu sind, werden ausführlich erläutert. Dagegen geben zahlreiche Beispiele und Aufgaben Gelegenheit zu selbständiger Arbeit. Die Anwendungen zeigen die Bedeutung der allgemeinen Theorie für die analytische und projektive Geometrie, besonderer Wert ist darauf gelegt, die Grundlagen für das Rechnen mit Vektoren zu schaffen.

[Prange und v. Koppenfels, Vorlesungen über Integral- und Differentialrechnung.]

neuen Autoren auch erst bei der Ableitung der binomischen Reihe aufzugeben pflegen, um die hier etwas mühsame Abschätzung des Restes zu vermeiden. Da aber der Begriff der gleichmäßigen und ungleichmäßigen Annäherung an Hand der gegebenen Entwicklungen sorgfältig herausgearbeitet wird, so fehlt dem Leser nichts zum Verständnis einer modernen Darstellung der Reihenlehre.

Inhaltsübersicht: *Einleitung. Die ganzen rationalen Funktionen*: Der Flächeninhalt „unter einer geraden Linie". Der Flächeninhalt unter einer Parabel zweiten Grades. Die ganzen rationalen Funktionen beliebigen Grades. Elemente der Differenzenrechnung. Anhang zum 1. Kapitel: Der Grenzwertbegriff und seine Bedeutung. *Die gebrochenen rationalen Funktionen und ihre Flächeninhaltsfunktionen.* Der Flächeninhalt unter der Hyperbel $y = 1/x$. Der Fundamentalsatz über den Zusammenhang von Flächeninhalt und Tangentensteigung; der Integraph. Die Umkehrung der Funktion ln x; Exponentialfunktion und Logarithmus. Verallgemeinerte Hyperbeln. Der Flächeninhalt unter der Funktion $y = \dfrac{1}{1 + x^2}$.

Flächeninhaltsbestimmung für die Funktion $y = \dfrac{2x}{1 + x^2}$. Substitution; Differenz und Differential einer Funktion. — *Ausbau der Differential- und Integralrechnung.* Die Bedeutung der Differentialschreibweise für die Ausbildung des Kalküls. Differentiationsregeln und Integrationsmethoden. Die TAYLORsche Formel. — *Die einfachen irrationalen Funktionen und ihre Integrale.* Potenz mit beliebigem Exponenten $(y = x^a)$. Die Funktion $\sqrt{\alpha x^2 + 2\beta x + \gamma}$ und ihr Integral; die Funktionen arc sin x und $\mathfrak{Ar}\,\mathfrak{Sin}\,x$. Kreisfunktionen und Hyperbelfunktionen. *Die* FOURIER*schen Reihen*: Mathematische Darstellung der harmonischen Schwingungen. Entwicklung einer periodischen Funktion in eine trigonometrische Reihe. Schlußbemerkung. *Verzeichnis der Anwendungen. Sachverzeichnis.*

Zweiter Band: Von Professor Dr. **K. H. Weise**-Kiel.

In Vorbereitung.

Rohrbach, Professor Dr. H., Mainz, **Einführung in die höhere Mathematik.**

In Vorbereitung.

—, E. Schmidt und **E. Feigl, Differential- und Integralrechnung.**

In Vorbereitung.

Aus

Sitzungsberichte der Heidelberger Akademie der Wissenschaften, Mathematisch-naturwissenschaftliche Klasse.

Jahrgang 1948.

2. Abhandlung: **Zur Bewegungsgeometrie auf der Kugel.** Von **W. Blaschke.** 9 Seiten. 1948. DMark 1.—

8. Abhandlung: **Über die Entwicklung zulässiger Funktionen nach den Eigenfunktionen bei definiten, selbstadjungierten Eigenwertaufgaben.** Von **H. Schubert.** 22 Seiten. 1948. DMark 1.80

[Sitzungsberichte der Heidelberger Akademie der Wissenschaften.]

9. Abhandlung: **Biegung mit Erhaltung konjugierter Systeme.** II. Teil. Von **W. Schaaff.** 22 Seiten. 1948. DMark 1.80

Jahrgang 1949.

1. Abhandlung: **Automorphe Funktionen und indefinite quadratische Formen.** Von **H. Maaß.** 42 Seiten. 1949. DMark 3.60

3. Abhandlung: **Die eindeutige Zerlegbarkeit eines Knotens in Primknoten.** Von **H. Schubert.** Mit 7 Textabbildungen. 50 Seiten. 1949. DMark 2.80

8. Abhandlung: **Knotengruppe und Homologieinvarianten.** Von **W. Threlfall.** Mit 10 Abbildungen. 16 Seiten. 1949. DMark 1.50

10. Abhandlung: **Beziehungen zwischen geometrischer und algebraischer Anordnung.** Von **E. Sperner.** Mit 3 Textabbildungen. 38 Seiten. 1949. DMark 3.—

Jahrgang 1950.

4. Abhandlung: **Die semilinearen Abbildungen.** Von **W. Graeub.** Mit 25 Textabbildungen. 70 Seiten. 1950. DMark 7.20

8. Abhandlung: **Konstruktion der Modulformen und der zu gewissen Grenzkreisgruppen gehörigen automorphen Formen von positiver reeller Dimension und die vollständige Bestimmung ihrer Fourierkoeffizienten.** Von **Hans Petersson.** 77 Seiten. 1951. DMark 8.—

Tafeln der elementaren transzendenten Funktionen. Herausgegeben von Professor Dr. **Friedrich Lösch,** Stuttgart. In Vorbereitung.

Tölke, Professor Dr.-Ing. Friedrich, Karlsruhe, **Praktische Funktionenlehre.**

Erster Band: **Elementare und elementare transzendente Funktionen.** Zweite, stark erweiterte Auflage. Mit 178 Abbildungen, 50 durchgerechneten Beispielen und einer Ausschlagtafel. XI, 440 Seiten. 1950. Ganzleinen DMark 39.—

Inhaltsübersicht: *Erster Abschnitt:* Definierende Differential- und Integralgleichungen, Fundamentaleigenschaften und gegenseitige Beziehungen der elementaren und elementaren transzendenten Funktionen. *Zweiter Abschnitt:* Durch elementare und elementare transzendente Funktionen ausdrückbare Integrale. *Dritter Abschnitt:* Funktionentafeln der elementaren Transzendenten. *Vierter Abschnitt:* Anwendungen im Bereich der partiellen Differential- und Integralgleichungen. *Fünfter Abschnitt:* Summierung von Reihenentwicklungen. *Sechster Abschnitt:* Tafel der zonalen Kugelfunktion sowie ihrer Abteilungen und Integrale.

Zurmühl, Dr.-Ing. Rudolf, **Matrizen.** Eine Darstellung für Ingenieure. Mit 25 Abbildungen. XV, 427 Seiten. 1950.   Ganzleinen DMark 25.50

Die Lehre von den Matrizen ist eine Lehre von den linearen Beziehungen. Diese aber spielen in der gesamten mathematischen Naturbeschreibung und dementsprechend auch in der Ingenieurwissenschaft eine hervorragende Rolle. Es gibt kaum ein der Rechnung zugängliches Gebiet in Physik und Technik, in dem man nicht mehr oder weniger zwangsläufig auf Beziehungen linearer Art geführt wird.

In den Matrizen hat sich die lineare Algebra ein Ausdrucksmittel von ganz besonderer Anpassungsfähigkeit geschaffen. Mit ihrer Hilfe werden einheitlich faßbare, in der gewöhnlichen Formelsprache jedoch nur schwerfällig darstellbare Operationen durch Formeln von unübertrefflicher Kürze und Sinnfälligkeit wiedergegeben, die den Blick stets auf das Wesentliche lenken. Die Matrizenrechnung ist daher in besonderer Weise geeignet, die so vielgestaltige Welt der linearen Transformationen auch dem Nichtmathematiker und Ingenieur zu erschließen.

Inhaltsübersicht: 1. Einleitung. I. Kapitel: *Der Matrizenkalkül:* 2. Grundbegriffe und einfache Rechenregeln. 3. Matrizen und Vektoren. 4. Matrizenmultiplikation. 5. Kehrmatrix und Matrizendivision. 6. Lineare Transformationen. 7. Orthogonale Transformation. II. Kapitel: *Der Rang:* 8. Determinanten. 9. Lineare Abhängigkeit und Rang. 10. Theorie der linearen Gleichungen. 11. Äquivalenz und Rangbestimmung. III. Kapitel: *Formen und Transformationen:* 12. Bilineare und quadratische Formen. 13. Koordinatentransformationen. IV. Kapitel: *Das Eigenwertproblem:* 14. Charakteristische Zahlen und Eigenvektoren, 15. Symmetrische Matrizen. 16. Allgemeinere Eigenwertprobleme. 17. Komplexe Matrizen. V. Kapitel: *Struktur der Matrix:* 18. Die Minimumgleichung. 19. Elementarteiler, Klassifikation. 20. Die Normalform. 21. Hauptvektoren. Transformation auf Normalform. 22. Matrizenfunktionen und Matrizengleichungen. VI. Kapitel: *Numerische Verfahren:* 23. Auflösung linearer Gleichungssysteme durch Matrizenmultiplikation. 24. Iterative Behandlung linearer Gleichungssysteme. 25. Iterative Bestimmung der größten charakteristischen Zahl. 26. Bestimmung höherer Eigenwerte. VII. Kapitel: *Anwendungen:* 27. Matrizen in der Elektrotechnik. 28. Matrizen in der Schwingungstechnik. 29. Systeme linearer Differentialgleichungen. 30. Differentialmatrizen und nichtlineare Transformationen. 31. Tensoren. 32. Matrizen in der Ausgleichsrechnung. *Sachverzeichnis.*

Physik

Becker, Dr. phil. Richard, o. Professor für Theoretische Physik an der Universität Göttingen, **Vorstufe zur Theoretischen Physik.** Mit 94 Abbildungen. VII, 172 Seiten. 1950.   DMark 7.50

Das Buch will nur eine Vorstufe zur Theoretischen Physik sein. An Hand von einigen speziellen Kapiteln soll der Leser zu jenem Erlebnis geführt werden, welches die Vorbedingung für ein weiteres erfolgreiches Studium ist.

Inhaltsübersicht: *1. Aus der Mechanik:* Geradlinige Bewegung eines Massenpunktes. Ein Massenpunkt im Raum. Der Übergang zur Elektrostatik. Mechanik von vielen Massenpunkten. *2. Schwingungen und Wellen:* Lineare Schwingungen einer Kette. Längsschwingungen eines Stabes. *3. Aus der Wärmelehre:* Die Wärme als Stoff (Wärmeleitung). Thermodynamik. Kinetische Gastheorie. *4. Mathematische Erinnerungen und Beispiele:* Aus der Analysis. Aus der Vektorrechnung. Sachverzeichnis.

Eck, Dr.-Ing. Bruno, **Technische Strömungslehre.** Dritte, verbesserte und erweiterte Auflage. Mit 372 Abbildungen. X, 398 Seiten. 1949.
DMark 24.—; Ganzleinen DMark 27.—

Die vorliegende Neubearbeitung trägt den jetzigen technischen Bedürfnissen Rechnung. Insbesondere wurde die Aerodynamik der Verbrennung, wenigstens in den Grundzügen berücksichtigt, zumal es sich hier um äußerst reizvolles Neuland handelt, das im Hinblick auf bekannte und zu erwartende Anwendungen in einer technischen Strömungslehre nicht fehlen darf. Der turbulenten Vermischung in Verbrennungsräumen wurde ein besonderer Abschnitt gewidmet. Neu ist weiter ein größeres Kapitel über die Bewegung fester Körper in strömenden Medien, um damit einen kurzen grundsätzlichen Einblick in die strömungstechnischen Probleme der Verbrennung fester Brennstoffe, der Sichtung, Aufbereitung, pneumatischen Förderung und der Entstaubungstechnik zu geben. Das umgearbeitete Kapitel über Strömungen um Schaufeln und Profile ist nach den Bedürfnissen des Kreiselmaschinenbaues ausgerichtet worden. Neu sind weiter Ausführungen über Nabendiffusor, Labyrinthdichtungen, Schmiermittelreibung, Winddruck auf Gebäude, sowie eine neue Zusammenstellung der Bewegungsgesetze von Gasen und Dämpfen als Einleitung zu dem Kapitel Gasdynamik. Das Kapitel über Meßtechnik wurde ergänzt.

Inhaltsübersicht: 1. Hydrostatik. 2. Bewegungslehre. 3. Einfluß der Reibung bei ablösungsfreien Strömungen. 4. Das Ablösungsproblem. 5. Bewegung fester Körper in strömenden Medien. 6. Strömung um Schaufeln und Profile. 7. Hilfsmittel zur Vermeidung der Ablösung. 8. Kavitation. 9. Gasdynamik. 10. Strömungstechnische Messungen. Literaturverzeichnis. Namen- und Sachverzeichnis.

Eckert, Dr.-Ing. habil. Ernst, **Einführung in den Wärme- und Stoffaustausch.**
Mit 125 Abbildungen. VII, 203 Seiten. 1949.

DMark 21.—; Ganzleinen DMark 24.—

Das vorliegende Buch gibt eine einfache, knappe Einführung in den Wärme- und Stoffaustausch, die jedoch alles Wesentliche aus dem heutigen Stand dieser Lehre mitteilt. Das Hauptgewicht wurde dabei darauf gelegt, das Verständnis für die beim Wärmeaustausch sich abspielenden physikalischen Vorgänge möglichst zu vertiefen. Dies ist allerdings ohne Rechnung nicht zu erreichen. Es wurde deshalb theoretisch ableitbaren Beziehungen stets der Vorzug vor empirischen Gleichungen gegeben, denn die Berechnung bietet den Vorteil, daß man die Grenzen des Rechenergebnisses stets leichter überblicken kann. — Bei der Auswahl des Stoffes wurde weniger Wert darauf gelegt, eine große Zahl der derzeit genauesten Formeln anzugeben, als vielmehr die typischen Formen des Wärmeübergangs so eingehend darzustellen, daß man nach ihnen auch die Verhältnisse bei verwandten Vorgängen abschätzen kann.

Inhaltsübersicht: I. Die Grundbegriffe des Wärmeaustausches. II. Die Wärmeleitung. III. Der Wärmeübergang. A. Grundbegriffe der Strömungslehre. B. Erzwungene Konvektion in laminarer Strömung. C. Erzwungene Konvektion in turbulenter Strömung. D. Freie Konvektion. E. Kondensation und Verdampfung. IV. Die Wärmestrahlung. A. Die Ausstrahlung. B. Der Strahlungsaustausch. V. Der Stoffaustausch. Anhang. Namen- und Sachverzeichnis.

Ergebnisse der exakten Naturwissenschaften. Herausgegeben von Professor Dr. **S. Flügge**-Marburg a. Lahn und Professor Dr. **F. Trendelenburg**-Erlangen. Unter Mitwirkung von Professor Dr. W. Bothe-Heidelberg, Professor Dr. F. Hund-Jena und Professor Dr. P. Harteck-Hamburg. *Siehe auch Seite 91!*

Einundzwanzigster Band. Mit 188 Abbildungen. III, 361 Seiten. 1945. DMark 48.—

Inhaltsübersicht: Neuere Fortschritte der Theorie des inneren Aufbaues und der Entwicklung der Sterne. Von Dr. L. BIERMANN-Berlin-Babelsberg. Elektrische Leitfähigkeit der Metalle bei tiefen Temperaturen. Von Professor Dr. E. GRÜNEISEN-Marburg a. d. Lahn. Supraleitfähigkeit. Von Regierungsrat Professor Dr. E. JUSTI-Berlin und Dr. K. H. KOCH-Wien. Anregungsstufen der leichten Atomkerne. Von Dozent Dr. H. VOLZ-Erlangen. Die elektronenmikroskopische Untersuchung von Oberflächen. Von Dr.-Ing. H. MAHL, Berlin-Reinickendorf. Die Messung mechanischer und akustischer Widerstände. Von Professor Dr. K. SCHUSTER-Breslau.

Zweiundzwanzigster Band. Mit 195 Abbildungen. III, 332 Seiten. 1949. DMark 48.—

Inhaltsübersicht: Transurane. Von Professor Dr. S. FLÜGGE-Marburg. Die Elektronenschleuder. Von Professor Dr. H. KOPFERMANN-Göttingen. Die Entwicklung der Elektronenlawine in den Funkenkanal. (Nach Untersuchungen in der Nebelkammer.) Von Professor Dr. H. RAETHER-Sceaux (Seine). Molekulare Schallabsorption und -dispersion. Von Professor Dr. H. O. KNESER-Göttingen. Röntgenbestimmungen der Atomanordnung in flüssigen und amorphen Stoffen. Von Professor Dr. R. GLOCKER-Stuttgart. Ursprung und Eigenschaften der kosmischen Strahlung. Von Professor Dr. E. BAGGE-Hamburg. Ionosphäre. Von Professor Dr. J. ZENNECK-Althegnenberg (Obbay.). Inhalt der Bände 1 bis 22. Namen- und Sachverzeichnis.

[Ergebnisse der exakten Naturwissenschaften.]

Dreiundzwanzigster Band. Mit 215 Abbildungen. IV, 416 Seiten. 1950. DMark 59.60

Inhaltsübersicht: Die Sonnenkorona. Von Professor Dr. H. SIEDENTOPF-Tübingen. Experimentelle Schwingungsanalyse. Von Dr. W. MEYER-EPPLER-Bonn. Schallreflexion, Schallbrechung und Schallbeugung. Von Dr. A. SCHOCH, Göttingen. Seignette-Elektrizität. Von Dr. H. BAUMGARTNER, Dr. F. JONA und Dr. W. KÄNZIG-Zürich. Theorie der Supraleitung. Von Dr. H. KOPPE-Göttingen. Röntgenspektroskopie der Valenzelektronen-Bänder in Krystallen. Von Dr. H. NIEHRS-Berlin. Inhalt der Bände 11—23. Namen- und Sachverzeichnis.

Vierundzwanzigster Band. Mit etwa 230 Abbildungen. Etwa 450 Seiten. 1951. DMark 48.60

Inhaltsübersicht: Spezifische Leuchtvorgänge im Bereich der mittleren Ionosphäre. Von Professor Dr. C. HOFFMEISTER-Sonneberg. Elektroneninterferenzen und ihre Anwendung. Von Professor Dr. H. RAETHER-Hamburg. Die Erforschung der Struktur hochmolekularer und kolloider Stoffe mittels Kleinwinkelstreuung. Von Dr. R. HOSEMANN-Treysa, Bez. Kassel. Experimentelle Grundlagen der Spektroskopie des Zentimeter- und Millimeter-Gebietes. Von Dr. B. KOCH-Weil a. Rh. Die Mikrowellenspektren molekularer Gase und ihre Auswertung. Von Dozent Dr. W. MAIER-Freiburg i. Br. Spektroskopie der γ-Strahlen mit Krystallgittern. Von Professor Dr. A. FAESSLER-Freiburg i. Br. Die genäherte Berechnung von Eigenwerten elastischer Schwingungen anisotroper Körper. Von Dr. H. J. MÄHLY-Zürich. Inhalt der Bände 11—24. Namen- und Sachverzeichnis.

Festigkeitsprobleme, Neuere, des Ingenieurs. Ausgewählte Kapitel aus der Elastomechanik. Von Professor Dr.-Ing. **W. Flügge,** Stanford (USA), Professor Dr.-Ing. **R. Grammel,** Stuttgart, Professor Dr.-Ing. **K. Klotter,** Karlsruhe, Professor Dr.-Ing. **K. Marguerre,** Darmstadt, Professor Dr. **G. Mesmer,** Darmstadt. Herausgegeben von **K. Marguerre,** Professor der Mechanik an der Technischen Hochschule Darmstadt. Mit 120 Figuren. VIII, 253 Seiten. 1950. Ganzleinen DMark 25.50

Das vorliegende Buch enthält ausgewählte Kapitel aus der Festigkeitslehre. Dabei handelt es sich um Themen einer Vortragsreihe, die im Winter 1941 von Ingenieuren großer Berliner Betriebe abgehalten wurde. Vieles ist in dem Buche anders und vor allem ausführlicher dargestellt worden, als es in den Vorträgen möglich und notwendig war. Obwohl es die Hauptabsicht des Buches ist, der Ingenieurpraxis zu dienen, ist vieles Prinzipielle ausführlicher behandelt, da eine fruchtbare Anwendung der Forschungsergebnisse auf die Dauer nur dem möglich ist, der sich mit den Grundgedanken wirklich auseinandergesetzt hat.

Inhaltsübersicht: I. Experimentelle Verfahren zur Bestimmung mechanischer Spannungen. Von Professor Dr. G. MESMER-Darmstadt. II. Die Grundbegriffe der Elastizitätslehre. Von Professor Dr. K. MARGUERRE-Darmstadt. III. Die Festigkeit von Schalen. Von Professor Dr. W. FLÜGGE-Stanford (USA). IV. Schwingungserscheinungen im Bau- und Maschinenwesen. Von Professor Dr. K. KLOTTER-Karlsruhe. V. Verfahren zur Lösung technischer Eigenwertsprobleme. Von Professor Dr. R. GRAMMEL-Stuttgart. VI. Knick- und Beulvorgänge. Von Professor Dr. K. MARGUERRE-Darmstadt. Sachverzeichnis.

Finkelnburg, Professor Dr. Wolfgang, **Einführung in die Atomphysik.** Zweite, umgearbeitete und erweiterte Auflage. Mit 230 Abbildungen. XII, 416 Seiten. 1951. DMark 34.50; Ganzleinen DMark 39.—

Aus den Besprechungen der ersten Auflage: ... Die ganze Anlage und Durchführung lassen erkennen, daß dieses Buch aus Liebe zur Sache und aus einer wahren Begeisterung für die innere Schönheit und Geschlossenheit der Atomphysik geschrieben ist. Man kann immer wieder die Absicht des Verfassers feststellen, weniger die ausführliche Kenntnis spezieller Probleme zu vermitteln, als eine Übersicht über die grundlegenden Erfahrungstatsachen und die sie deutenden theoretischen Vorstellungen auf dem Gebiet der Atom-, Molekül- und Kernphysik zu geben. Daher finden sich erfreulicherweise im Buch weder zu sehr ins einzelne gehende Beschreibungen von Versuchsanordnungen, noch ausführliche theoretische Begründungen ... Je weiter man sich in das Buch vertieft, um so mehr muß man die Zuverlässigkeit und Verständlichkeit der Darstellung bewundern.

F. Sauter in ,,Die Naturwissenschaften"

Die in voranstehender Besprechung hervorgehobenen Vorzüge der ersten Auflage treffen in erhöhtem Maße für die zweite Auflage zu. In der Flut der atomphysikalischen Literatur hat sich das Finkelnburgsche Buch sofort einen führenden Platz erobert; schon nach kurzer Zeit war es vergriffen. Trotz der geringen Zeitspanne, die seit dem Erscheinen der ersten Auflage verstrichen ist, unterscheidet sich die zweite Auflage nicht unerheblich von der ersten. Die Darstellung ist im ganzen noch klarer gefaßt und in zahlreichen Einzelheiten korrigiert und ergänzt worden. Vor allem galt es aber, die wichtigen und folgenreichen Erkenntnisse der atomphysikalischen Forschung — deren Tempo in den letzten beiden Jahren immer stürmischer geworden ist — bis zum Frühjahr 1950 auszuwerten und in den Text einzubauen. Abgesehen von vielfachen Zusätzen und Änderungen bedingte dies ein fast völliges Neuschreiben der Abschnitte V (Kernphysik) und VII (Der flüssige und feste Zustand der Materie vom Standpunkt der Atomphysik). Auch die den einzelnen Kapiteln folgenden Literaturhinweise wurden unter Heranziehung der ausländischen Buchliteratur erweitert.

Alles in allem wird dem Naturwissenschaftler und dem gebildeten Laien mit dieser Neuauflage ein Werk in die Hand gegeben, das in seltener Weise vorbildliche Lesbarkeit mit wissenschaftlicher Exaktheit vereint, und das den Stand der gesamten atomphysikalischen Forschung in der ersten Hälfte des Jahres 1950 getreu widerspiegelt.

Inhaltsübersicht: Einleitung. Atome, Ionen, Elektronen, Atomkerne, Photonen. Atomspektren und Atombau. Die quantenmechanische Atomtheorie. Die Physik der Atomkerne. Physik der Moleküle. Der flüssige und feste Zustand der Materie vom Standpunkt der Atomphysik. Tabelle der für die Atomphysik wichtigsten Konstanten und Beziehungen. Sachverzeichnis.

Fischer, Dr.-Ing. Johannes, o. Professor an der Technischen Hochschule Karlsruhe, **Abriß der Dauermagnetkunde.** Mit 175 Abbildungen. VIII, 240 Seiten. 1949. DMark 36.—; Ganzleinen DMark 39.—

Inhaltsübersicht: *Einführung. A. Grundgrößen. Ihre Begriffsbestimmungen, Meßverfahren, Beziehungen, Einheiten:* 1. Die magnetische Wirkung elektrischer Leitungsströmung; magnetische Feldstärke; Durchflutungsgesetz. 2. Die elektrische Wirkung magnetischer Flußänderung; magnetische Flußdichte oder Induktion; Induktionsgesetz. Meßverfahren und Meßgeräte. 3. Definitionen und Meßverfahren bei Materie im Feldraum. 4. Maßsysteme, Formen der Gleichungen, Einheiten, Umrech-

[Fischer, Abriß der Dauermagnetkunde.]

nungen. *B. Magnetische Eigenschaften der Stoffe, besonders der eisenartigen: Beschreibung, Messung, Deutung, Folgerungen und Anwendungen:* 5. Die Identität von Elementarmagnet und Elementarstrom. 6. Deutung der diamagnetischen und der paramagnetischen Suszeptibilität. 7. Das magnetische Verhalten der eisenartigen Stoffe. 8. Berechnung des magnetischen Kreises nach dem Durchflutungsgesetz und nach dem Verfahren des Zusatzfeldes. 9. Dauermagnet und Elektromagnet in elementarer Darstellung; Feldvektoren und Energieverhältnisse. *C. Beschreibende Theorie und Vorausberechnung der Dauermagnete:* 10. Remanente und permanente Magnete. Kennzeichnende Stoffeigenschaften. 11. Grundlagen der Berechnung von Dauermagneten. 12. Bestimmung der Streuung. 13. Anwendungen und Beispiele. 14. Theorie und Anwendungen der permanentmagnetischen Zustandskurven. 15. Die Zustandskurven remanenter Magnete als Kurven zweiten Grades. *D. Magnetbaustoffe:* 16. Zusammenhang der mikrophysikalischen und der makrophysikalischen Eigenschaften der eisenartigen Stoffe. 17. Ergebnisse der mikrophysikalischen Theorie. Folgerungen und Vergleiche mit der Erfahrung an Dauermagnetbaustoffen. 18. Eigenschaften der Dauermagnetbaustoffe, Zahlenwerte und Kurven. 19. Beispiele technischer Anwendungen und Gestaltungen. *E. Ergänzungen:* 20. Weiterentwicklung. 21. Hysteresis- und Wirbelstromerscheinungen bei Wechselmagnetisierung. Zeichen und häufige Abkürzungen. Namen- und Sachverzeichnis.

Glocker, Dr. Richard, Professor für Röntgentechnik an der Technischen Hochschule Stuttgart, **Materialprüfung mit Röntgenstrahlen,** u n t e r b e - s o n d e r e r B e r ü c k s i c h t i g u n g d e r R ö n t g e n m e t a l l k u n d e. Dritte, erweiterte Auflage. Mit 349 Abbildungen. VIII, 440 Seiten. 1949.

Ganzleinen DMark 58.—

Das Anwendungsgebiet der Röntgenstrahlen als Hilfsmittel bei der Materialprüfung hat einen gewaltigen Ausbau erfahren. Es hat sich zu einer praktisch wertvollen und unentbehrlich gewordenen Untersuchungsmethode ausgebildet und weitgehend Eingang in der Industrie gefunden. Das sorgfältige und von grundlegenden Forschungsarbeiten getragene Buch bildet ein Standardwerk der Röntgenmaterialprüfung. — Seit dem Erscheinen der letzten Auflage hat sich die Werkstoffprüfung mit Röntgenstrahlen weiterhin außerordentlich entwickelt. Ganz umgearbeitet wurden daher die Abschnitte über Grobstrukturuntersuchung, Röntgenlinienverbreiterung und Spannungsmessung. Hinzugekommen ist eine Darstellung der Atomanordnungen in amorphen festen Stoffen und in Flüssigkeiten, insbesondere in Metallschmelzen. Die Tabellen wurden auf den neuesten Stand gebracht. Wie in den früheren Auflagen liegt das Schwergewicht auf der Beschreibung der Anwendungsweise der Verfahren an Hand von praktischen Beispielen, damit der Zweck des Buches erreicht wird, den Leser zu befähigen, selbst die einzelnen Verfahren auszuführen.

Inhaltsübersicht: *Einleitung.* 1. Die Natur der Röntgenstrahlen und die verschiedenen Verfahren der Werkstoffprüfung mittels Röntgenstrahlen. *I. Erzeugung der Röntgenstrahlen.* 2. Allgemeines über Röntgenröhren. 3. Ausführungsformen von Röntgenröhren und Glühventilröhren. 4. Röntgenapparate. 5. Strahlenschutz. *II. Eigenschaften der Röntgenstrahlen.* 6. Absorption und Sekundärstrahlung. 7. Beugung und Brechung. 8. Ionisation und photographische Wirkung. *III. Grobstrukturuntersuchung.* 9. Allgemeine Grundlagen der Grobstrukturuntersuchung. 10. Praktische Anwendung der Grobstrukturuntersuchung. *IV. Spektralanalyse.* 11. Röntgenspektroskopische Apparate. 12. Gesetzmäßigkeiten des Röntgen-

[Glocker, Materialprüfung mit Röntgenstrahlen.]
spektrums. 13. Qualitative Röntgenspektralanalyse. 14. Quantitative Röntgenspektralanalyse. *V. Feinstrukturuntersuchung.* 15. Überblick über die verschiedenen Verfahren der Feinstrukturuntersuchung und ihre Anwendungsgebiete. 16. und 17. Kristallographische Grundlagen I und II. 18. DEBYE-SCHERRER-Aufnahmen (Pulverdiagramme). 19. LAUE-Aufnahmen. 20. Drehkristallverfahren und Spektrometerverfahren. 21. Röntgengoniometerverfahren. 22. Intensitätsgesetze der Röntgeninterferenzen. 23. Überblick über den Gang einer Strukturbestimmung. 24. Beschreibung von Kristallstrukturen anorganischer und organischer chemischer Stoffe und Grundzüge der Kristallchemie. 25. Struktur von Legierungen. 26. Verbreiterung der Röntgeninterferenzen und Bestimmung der Kristallgröße. 27. Messung von elastischen Spannungen. 28. Kristalltexturen. 29. Nichtkristalline Stoffe und Flüssigkeiten. 30. Mathematischer Anhang. Schrifttumsverzeichnis. Namen- und Sachverzeichnis.

Grammel, Dr. R., o. Professor an der Technischen Hochschule Stuttgart, **Der Kreisel.** Seine Theorie und seine Anwendungen. Zweite, neubearbeitete Auflage.

Erster Band: **Die Theorie des Kreisels.** Mit 137 Abbildungen. XI, 281 Seiten. 1950. DMark 30.—; Ganzleinen DMark 33.—

Die erste Auflage ist seit Jahren vergriffen. Diese zweite Auflage stellt eine völlige Neubearbeitung dar und ist auf den neuesten Stand der Kreiselforschung gebracht worden. Die Zahl der Abbildungen ist gegen die erste Auflage nahezu verdoppelt. Das Buch ist entstanden aus Vorlesungen, die der Verfasser an zwei Technischen Hochschulen und an einer Universität gehalten hat. Jene Vorlesungen mußten, der verschiedenartigen Zuhörerschaft sich anpassend, jeweils ein verschiedenes Gepräge tragen: der Mathematiker und Physiker wird hauptsächlich vom abstrakten Erkenntnistrieb geleitet, der Ingenieur sieht mehr auf die konkrete Nützlichkeit. Der große Reiz des Gegenstandes aber liegt beim Kreisel unzweifelhaft in der Verbindung von Theorie und Praxis; und diese Verknüpfung, welche auch immer den gemeinsamen Leitgedanken jener Vorlesungen bildete, will das vorliegende Buch möglichst harmonisch darstellen. — Verfasser hat versucht, die Lehre vom Kreisel in möglichst einfacher Form darzustellen, ohne irgendwo an Strenge nachzugeben. Zur Erreichung dieses Zieles waren die Vektoren als die klarsten Symbole der Mechanik beizuziehen. Im ersten Abschnitt werden die einfachen vektoriellen Rechenregeln abgeleitet, die später zu benutzen sind, so daß selbst ein Leser, der den Vektoren bis jetzt noch fremd gegenübersteht, sich in dem Buche zurechtfinden kann.

Inhaltsübersicht: Einleitung. *Grundlagen:* Grundlagen der Vektorrechnung. Grundlagen der Mechanik. Der Trägheitstensor. *Der symmetrische Kreisel:* Der kräftefreie symmetrische Kreisel. Die geführte Bewegung des symmetrischen Kreisels. Der symmetrische Kreisel unter Zwang und Stoß. Der schwere symmetrische Kreisel. Der Einfluß der Reibung. *Der unsymmetrische Kreisel:* Der kräftefreie unsymmetrische Kreisel. Der schwere unsymmetrische Kreisel. *Besondere Probleme:* Kreisel im erweiterten Sinne. Gyroskopische Systeme. *Darstellung der Kreiselbewegungen durch Thetafunktionen.* Namen- und Sachverzeichnis.

Zweiter Band: **Die Anwendungen des Kreisels.** Mit 133 Abbildungen. VI, 268 Seiten. 1950. DMark 30.—; Ganzleinen DMark 33.—

[Grammel, Der Kreisel.]

Dieser zweite Band behandelt die Anwendungen des Kreisels. Man kann sie zwanglos in drei ganz verschiedene Gruppen gliedern: die beabsichtigten oder ungewollten, nützlichen oder schädlichen Kreiselwirkungen bei Radsätzen aller Art (einschließlich Fahrzeugen, Schiffen und Flugzeugen), dann die große und weit entwickelte Mannigfaltigkeit der eigentlichen Kreiselgeräte, und schließlich die meist sehr wuchtigen unmittelbaren Kreiselstabilisatoren, die teils für die Geschichte der Technik bedeutsam sind, teils der Astronomie angehören.

Beim Zusammenstellen aller Anwendungen des Kreisels wurde eine Vollständigkeit im grundsätzlichen Sinne angestrebt.

Da die Außenansichten von Geräten und Maschinen, wie man sie so oft in Büchern findet, fast immer ziemlich wertlos, weil nichts erklärend sind, so sind dem Buche auch in der neuen Auflage wieder durchweg schematische, nur das Wesentliche darstellende Bilder, zumeist vereinfachte Schnittzeichnungen beigegeben und nur in wenigen Fällen eigentliche Konstruktionszeichnungen.

Inhaltsübersicht: *Kreiselwirkungen bei Radsätzen.* Kollermühlen. Kritische Drehzahlen von Rotoren. Fahrzeuge. Flugzeuge. — *Kreiselgeräte.* Geräte mit Kompaßkreiseln. Der Kreiselkompaß. Künstliche Horizonte mit Pendelkreiseln. Wendekreisel und Lagekreisel. Sonstige Kreiselgeräte. *Unmittelbare Stabilisatoren.* Richtkreisel. Stützkreisel. Dämpfkreisel. Namen- und Sachverzeichnis.

Kaiser, Privatdozent Dr. H., Dortmund, **Grundriß der Spektrochemie.**

In Vorbereitung.

Kaufmann, Dr.-Ing. habil. Walther, o. Professor der Mechanik an der Technischen Hochschule zu München, **Einführung in die Technische Mechanik.** Nach Vorlesungen.

Erster Band: **Statik starrer Körper.** Mit 194 Abbildungen. VI, 166 Seiten. 1949. DMark 15.—

Das Gesamtwerk soll in vier Bände aufgeteilt werden, von denen jeder den Stoff eines Semesters enthält, und zwar in der üblichen Reihenfolge: 1. Statik starrer Körper, 2. Festigkeitslehre, 3. Dynamik, 4. Hydromechanik. Die jetzt mit dem ersten Band erscheinende „Einführung in die Technische Mechanik" behandelt im wesentlichen die Mechanik-Unterstufe, wie sie in München für Maschinen-, Elektro- und Bauingenieure sowie für Technische Physiker bis zur Diplomvorprüfung gelesen wird. — Nach einem einführenden Abschnitt über die Grundbegriffe der Mechanik werden behandelt: Die Zusammensetzung und Zerlegung der Kräfte in der Ebene und im Raume, Fragen des Gleichgewichts einer Kräftegruppe, die Lehre vom Schwerpunkt, das Gleichgewicht gestützter ebener und räumlicher Körper und Körpersysteme, die „trockene" Reibung und, in einem Schlußkapitel, als fundamentaler Satz der Statik: Das Prinzip der virtuellen Verrückungen. Alle theoretischen Ableitungen und Betrachtungen sind durch zahlreiche Anwendungsbeispiele ergänzt, die im allgemeinen bis zu den Endlösungen durchgeführt sind.

Inhaltsübersicht: I. Grundbegriffe der Mechanik. II. Kräftegruppen am Massenpunkt und am starren Körper. III. Der Schwerpunkt. IV. Gleichgewicht gestützter Körper. V. Die Reibung. VI. Mechanische Arbeit einer Kraft und das Prinzip der virtuellen Verrückungen. Sachverzeichnis.

Küchler, Dr. habil. L., Göttingen, **Polymerisationskinetik.**

In Vorbereitung.

Landolt-Börnstein. Zahlenwerte und Funktionen aus Physik, Chemie, Astronomie, Geophysik, Technik. Sechste Auflage der Physikalisch-Chemischen Tabellen. In Gemeinschaft mit J. Bartels, P. ten Bruggencate, K. H. Hellwege, Kl. Schäfer, E. Schmidt und unter vorbereitender Mitwirkung von J. D'Ans, G. Joos, W. A. Roth†, herausgegeben von **Arnold Eucken**†. In vier Bänden. *Siehe auch 4. Umschlagseite!*

Jeder Band und Bandteil ist einzeln käuflich.

Kein Physiker, Chemiker oder Ingenieur kommt gegenwärtig ohne ein Nachschlagewerk aus, in dem die exakt durch Zahlenwerte angebbaren Ergebnisse der bisherigen Forschung übersichtlich zusammengestellt sind. Nur wenige von ihnen können sich mit den relativ kurzen Tabellenwerken begnügen, die eine gedrängte Auswahl aus dem Gesamtmaterial bringen.. Die meisten Forscher und Praktiker sind auf ein ausführliches Werk angewiesen, welches im Prinzip das *gesamte in der Weltliteratur veröffentlichte Zahlenmaterial* berücksichtigt, und in welchem man auch die Zitate der Originalarbeiten findet, so daß man sich über den Ursprung eines jeden Zahlenwertes unterrichten und seine Zuverlässigkeit von Fall zu Fall kritisch nachprüfen kann. — *Das erste Werk*, das diese Forderung erfüllte, sind *die ursprünglich von* H. Landolt *und* R. Börnstein *herausgegebenen „Physikalisch-Chemischen Tabellen"*. — Die jetzt erscheinende *6. Auflage* bedurfte im Hinblick auf die anschwellende Originalliteratur und mit Rücksicht auf die stetig steigenden Anforderungen, die an ein derartiges Werk gestellt werden, einer durchgreifenden Neugestaltung, was unter anderem auch unmittelbar durch die Titeländerung zum Ausdruck kommt. Neu geschaffen wurde beispielsweise ein besonderer Band, welcher die wichtigsten astronomischen und geophysikalischen Zahlenwerte und Funktionen enthält, sowie ein solcher, der speziell den Bedürfnissen der praktisch tätigen Physiker, Chemiker und Ingenieure gerecht wird. — Prinzipiell wurde an der Forderung festgehalten, daß das gesamte in der Weltliteratur veröffentlichte Material zu berücksichtigen sei; aber nur in besonders wichtigen Fällen, z.B. bei den physikalischen Grundkonstanten, wurden sämtliche neueren in der Literatur veröffentlichten Zahlenwerte abgedruckt; in der Regel wurden die von dem jeweiligen Bearbeiter gebildeten wahrscheinlichsten Mittelwerte (sog. „Bestwerte") bzw. ausgeglichene Kurven gebracht, wobei aber auch hier sämtliche benutzten Literaturquellen zitiert werden. Da als Bearbeiter nur die besten Kenner der betreffenden Spezialgebiete ausgewählt wurden, wird durch dieses Verfahren dem Benutzer des Werkes sehr viel Arbeit erspart, indem ihm die oft schwierige Entscheidung zwischen den zuweilen stark voneinander abweichenden Werten aus der Literatur abgenommen wird.

Erster Band: **Atom- und Molekularphysik.** In 5 Teilen.

  1. Teil: **Atome und Ionen.** Bearbeitet von E. v. Angerer, L. Biermann, U. Cappeller, W. Döring, E. U. Franck, R. Glocker, W. Hanle, G. Joos, F. Kirchner, W. Klemm, A. Saur, E. Saur, U. Stille, H. Stuart, E. Wicke. Vorbereitet von Georg Joos. Herausgegeben von **Arnold Eucken**† in Gemeinschaft mit K. H. Hellwege. Mit 248 Abbildungen. XII, 441 Seiten. 1950.   In Moleskin gebunden DMark 126.—

Inhaltsübersicht: *Zum Gebrauch der Tabellen:* Abkürzungsverzeichnis der wichtigsten Zeitschriften. Anordnung der Verbindungen. Das periodische System der Elemente. Maßsysteme. Beziehung zwischen Energie, Geschwindigkeit und DE Broglie-Wellenlänge bei Elektronen, Protonen, Deuteronen und α-Teilchen.

[Landolt-Börnstein, Zahlenwerte und Funktionen aus Physik, Chemie, Astronomie, Geophysik, Technik.]
Grundkonstanten der Physik. — *Atome und Ionen:* Atomspektren: Wellenlängen-normalen. Terme und wichtigste Spektrallinien. Ionisierungs-Spannungen und Elektronenaffinitäten. Röntgenspektren, Energieterme und wichtigste Spektral-linien. Zeeman-Effekt. Stark-Effekt. Druckverbreiterung und Druckverschiebung von Spektrallinien. Oszillatorenstärken und Lebensdauer angeregter Zustände von Atomen, Atomionen und Molekeln. — Sonstige unmittelbare Eigenschaften der Elektronenhülle von Atomen und Ionen (in einigen Tabellen auch von Molekeln): Elektronenverteilung in Atomen und Ionen nach HARTREE. Streuung von Röntgen-strahlen. Absorption von Röntgenstrahlen. Querschnitte von Atomen, Ionen und Molekeln. Magnetische Momente von Atomen und Atomionen. Diamagnetische Polarisierbarkeit von Atomen und Ionen (auch komplexe Anionen). Molekular-refraktion und elektrische Polarisierbarkeit von Atomen und Ionen (auch Molekel-ionen). Faraday-Effekt von Atomen, Ionen und Molekeln. Anhang.

2. Teil: Molekeln I (Kerngerüst). Bearbeitet von P. Debye jr., E. U. Franck, F. Kerkhof, W. Maier, R. Mecke, H. Pajenkamp, H. Seidel, H. Stuart, E. Wicke. Vorbereitet von Georg Joos. Heraus-gegeben von **A. Eucken†** und **K. H. Hellwege.** Mit 460 Abbildungen. VIII, 571 Seiten. 1951. In Moleskin gebunden DMark 168.—

Inhaltsübersicht: *Molekeln, Molekel-Ionen, Radikale zum Kerngerüst* (geo-metrische und dynamische Eigenschaften). Atomabstände und Strukturen. Valenz-Energien chemischer Bindungen. Trennungs-Energien chemischer Bindungen. Dissoziations-Energien zweiatomiger Molekeln; Trennungs-Energien chemischer Bindungen in mehratomigen Molekeln. Schwingungen und Rotationen der Mo-lekeln. Übersicht und Gebrauchsanweisung; Substanzenverzeichnis; Literaturver-zeichnis; Symmetrie der Molekeln und Eigenschwingungen; Eigenschwingungen (auch Trägheitsmomente und Kernabstände) einfacher Molekeln aus Raman- und Ultrarotspektren; Ultrarote Rotations- und Schwingungsspektren der einfachsten Molekeln; Ultrarotspektren weiterer ausgewählter Molekeln; Ramanspektren weiterer ausgewählter Substanzen. Mikrowellenspektren. Die Hemmung der inneren Rotation einiger Molekeln im Gaszustand.

Die weiteren Bände werden folgende Gebiete behandeln:

3. Teil: **Molekeln II. Elektronenhülle.**
Unter der Presse.
Etwa 500 Seiten. Erscheint etwa im Sommer 1951.

Inhaltsübersicht: *Elektronenhülle.* Bandenspektren zweiatomiger Molekeln. Elektronenbandenspektren mehratomiger Molekeln. Lichtabsorption von Lösungen im Ultraviolett und Sichtbaren. Ionisierungsarbeiten. Optisches Drehungsvermögen von Molekeln. Elektrische Momente von Molekeln. Elektrische und optische Polarisier-barkeit von Molekeln. Magnetische Momente von Molekeln. Diamagnetische Polari-sierbarkeit von Molekeln. Quantenausbeute photochemischer Reaktionen. Anhänge zu „Molekeln I und II".

4. Teil: **Kristalle.**
Etwa 320 Seiten. Erscheint etwa Ende 1951.

5. Teil: **Atomkerne.**
Etwa 400 Seiten. Erscheint etwa im Sommer 1951.

Zweiter Band: Makrophysik und Chemie. In Vorbereitung.

[Landolt-Börnstein, Zahlenwerte und Funktionen aus Physik, Chemie, Astronomie, Geophysik, Technik.]
Dritter Band: **Astronomie und Geophysik.**
Etwa 400 Seiten. Erscheint etwa im Sommer 1951.
Vierter Band: **Technik.**
In Vorbereitung. Voraussichtlich etwa 3 Teile. Der erste
Teil erscheint etwa Ende 1951.

Laue, Professor Dr. M. v., Göttingen, **Theorie der Supraleitung.** Zweite
Auflage. Mit 37 Textabbildungen. III, 115 Seiten. 1949. DMark 16.40

Inhaltsverzeichnis: Einleitung. § 1. Die grundlegenden Tatsachen. § 2. Die
Stromverteilung zwischen parallel geschalteten Supraleitern. § 3. Die Grundgleichungen der MAXWELL-LONDONschen Theorie. § 4. Raumladungen im kubischen
Supraleiter. § 5. Die Erhaltung der Energie. § 6. Die Telegraphengleichung für
kubische Supraleiter. § 7. Stationäre Felder. § 8. Der stromdurchflossene Draht.
§ 9. Der stromdurchflossene Hohlzylinder. § 10. Der Zylinder im homogenen
Magnetfeld. § 11. Die Kugel im homogenen Magnetfeld. § 12. Dauerströme. § 13. Die
MAXWELL-LONDONschen Spannungen. § 14. Das elektrodynamische Potential.
§ 15. Elektrische Wellen in kubischen Supraleitern. § 16. Der Hochfrequenzwider-
stand der Supraleiter. § 17. Die Thermodynamik des Übergangs vom Normal-
zum Supraleiter. § 18. Der Grenzwert der magnetischen Feldstärke für „dünne"
Supraleiter. § 19. Der Zwischenzustand. § 20. Eine nicht-lineare Erweiterung der
Theorie (Zusatz bei der Korrektur). Mathematischer Anhang. [Beweis der Gleichung (14. 8.).] Namen- und Sachverzeichnis.

Aus den Besprechungen: Die jahrelangen Bemühungen v. LAUEs, die
LONDONsche Theorie der Supraleitung in einer in sich widerspruchslosen phäno-
menologischen Theorie zu erweitern, haben so schöne Erfolge gezeitigt, daß er jetzt
eine Fülle von Ergebnissen in Form einer Monographie vorlegen kann. Nur ein verhältnismäßig kleiner Teil ihres Inhaltes ist den an der Supraleitung interessierten
Kreisen aus Veröffentlichungen v. LAUEs in den letzten Jahren bekannt geworden,
alles andere hat er erst in jüngster Zeit erarbeitet. Um so erfreulicher ist es, und
es verschafft uns einen besonderen ästhetischen Genuß, daß wir sogleich die geschlossene Theorie in einheitlicher und eleganter Darstellung vorgeführt bekommen. —
Die vorliegende Monographie wird viele Physiker und Mathematiker dazu reizen,
sich mit der Supraleitung zu befassen und wird allen schon auf diesem Gebiet
Arbeitenden eine Fülle neuer Anregungen geben. *„Zeitschrift für Naturforschung".*

Madelung, Erwin, **Die mathematischen Hilfsmittel des Physikers,** siehe Grundlehren, Band IV, Seite 3.

Münster, Dr. A., Frankfurt a. M., **Lehrbuch der statistischen Thermodynamik.**
In Vorbereitung.

Nesselmann, Dr.-Ing. habil. Kurt, Wiesbaden, **Die Grundlagen der angewandten
Thermodynamik.** Mit 311 Abbildungen und 5 Diagrammen im Text. XI,
320 Seiten. 1950. Ganzleinen DMark 18.—

Die Anforderungen, die auf dem Gebiet der Thermodynamik an den wissenschaftlich und auch praktisch arbeitenden Ingenieur gestellt werden, sind in den vergangenen
25 Jahren ungeheuer gewachsen, so daß eine geschlossene Darstellung der gesamten
Thermodynamik mehrere Bände füllen würde. Der Verfasser hat sich die Aufgabe

[Nesselmann, Die Grundlagen der angewandten Thermodynamik.]
gestellt, den angewandten Teil der Thermodynamik in einem solchen Umfang
darzustellen, daß sich das Buch noch zum Durcharbeiten eignet, ohne wesentliche
Teile des Gebietes auszulassen. Dies konnte nur dadurch ermöglicht werden, daß
das Buch wirklich nur Thermodynamik lehrt, ohne auf technische Einzelheiten
einzugehen. Es werden die Kreisprozesse für die Wärmekraftmaschinen und die
Zustandsänderungen in den Maschinen ausführlich besprochen, aber nicht Spezial-
fragen jeder Maschinengattung erwähnt. Das Buch soll den Leser soweit bringen,
daß er die thermodynamischen Vorgänge innerhalb der Maschinen und die sonstigen
thermodynamischen Prozesse versteht und zu verfolgen lernt. Dadurch, daß der
Verfasser sich auf das Wesentliche und Grundsätzliche der thermodynamischen
Vorgänge beschränkt, versucht er den Leser zum thermodynamischen Denken zu
erziehen, um ihn schließlich soweit zu bringen, für alle auftauchenden Fragen
gerüstet zu sein. — Der mathematischen Formulierung ist der Vorzug eingeräumt.
Die mathematischen Anforderungen gehen jedoch in keinem Fall über die Anfangs-
gründe der Differential- und Integralrechnung hinaus. Ferner werden physikalische,
chemische und technische Grundkenntnisse vorausgesetzt.

Inhaltsübersicht: I. Grundbegriffe. II. Die vollkommenen Gase. III. Die
Dämpfe. IV. Die strömende Bewegung der Gase und Dämpfe. V. Die unvoll-
kommenen Gase. VI. Thermodynamik der Gemische. VII. Thermodynamik der
chemischen Reaktionen. VIII. Wärmeaustausch. IX. Stoffaustausch. Namen- und
Sachverzeichnis.

Pflier, Dr.-Ing. Paul M., Nürnberg, **Elektrische Messung mechanischer Größen.**
Dritte, erweiterte Auflage. Mit 308 Abbildungen. VI, 256 Seiten. 1948.
DMark 30.—

Die elektrischen Meßgeräte und Meßverfahren dienen nur in beschränktem Umfang
der Messung elektrischer Größen als Selbstzweck, weitaus häufiger ist die elektrische
Größe nur ein Maßstab für andere, nichtelektrische Werte. Die ungeheure Ausdehnung dieses Gebietes und die großen Vorzüge elektrischer Messung haben den
Verfasser ermutigt, in der vorliegenden Arbeit die Möglichkeiten der Umwandlung
mechanischer Größen in elektrische und der mechanischen Beeinflussung elektrischer
Stromkreise erschöpfend zu behandeln.

Inhaltsübersicht: *A. Grundlagen der elektrischen Messung:* 1. Vorzüge elektrischer Meßgeräte. 2. Die Maßstabeigenschaften der elektrischen Meßgeräte·
B. Umwandlung mechanischer in elektrische Größen: 1. Physikalischer Zusammenhang zwischen mechanischen und elektrischen Eigenschaften. 2. Erzeugung einer
elektrischen Größe durch eine mechanische. 3. Mechanische Beeinflussung eines
elektrischen Stromkreises. *C. Meßverfahren:* 1. Wegmessung. 2. Kraftmessung.
3. Geschwindigkeitsmessung. 4. Messung von Beschleunigungen, Schwingungen und
Erschütterungen. 5. Zeitmessung. Schrifttum. Namenverzeichnis. Sachverzeichnis.

—, Elektrische Meßgeräte und Meßverfahren. Mit 241 Abbildungen im Text.
XII, 193 Seiten. 1951. Ganzleinen DMark 21.—

Inhaltsübersicht: *I. Allgemeines.* Aufgabe der Meßtechnik. Vorgang des
Messens. Die Genauigkeit der Einheiten. Definitionen. Die allgemeinen Eigenschaften
der elektrischen Meßgeräte. Die Regeln für Meßgeräte. Auswahl der Meßgeräte.
Aufstellung der Meßgeräte. Der Einfluß der Toleranzen auf das Meßergebnis. Ver-
wendete Symbole und Schaltzeichen. *II. Meßgeräte.* Drehspulinstrumente. Drehspul-

[Pflier, Elektrische Meßgeräte und Meßverfahren.]
instrument mit Trockengleichrichter. Drehspulinstrument mit Thermoumformer. Kreuzspulinstrumente. Eisengeschlossenes elektrodynamisches Meßwerk. Eisengeschlossenes elektrodynamisches Doppelspul-Meßwerk. Eisengeschlossenes elektro dynamisches Kreuzspulmeßwerk. Das Taumelspul-Meßwerk. Eisenloses elektrodynamisches Meßwerk. Weicheisenmeßwerk. Weicheisenquotientenmesser. Drehmagnetmeßwerk. Drehmagnet-Quotientenmesser. Induktionsmeßwerk. FERRARIS-Quotientenmesser. Hitzdrahtmeßwerk. Bimetall-Meßwerk. Elektrostatisches Meßwerk. Zungenresonanzmeßwerk. Hysteresismeßwerk. Überblick über die Anwendung der einzelnen Meßwerke. *III. Meßverfahren.* Gleichspannungskompensatoren. Wechselspannungskompensatoren. Isolationsmessung mit fremder Spannungsquelle. Isolationsmessung im Betrieb. Erdungsmessung. Fehlerortbestimmung. Sachverzeichnis.

Pflüger, Dr.-Ing. habil. Alf, Professor an der Technischen Hochschule Hannover, **Stabilitätsprobleme der Elastostatik.** Mit 389 Abbildungen. VIII, 339 Seiten. 1950. Ganzleinen DMark 34.50

Die Stabilitätsprobleme der im Bauwesen und Maschinenbau als Konstruktionsteile verwendeten elastischen Körper bilden ein Sondergebiet der Statik, das in den letzten 10—15 Jahren recht erheblich angewachsen ist. — Der Wunsch nach einer zusammenfassenden Darstellung aller dieser grundsätzlichen Fragen, die im bisherigen Buchschrifttum über Stabilitätsprobleme nur andeutungsweise und auch in der Zeitschriftenliteratur keineswegs lückenlos und leicht verständlich zu finden sind, war der Hauptgrund für die Abfassung des Buches. Es wird dementsprechend alles, was die beim Ansatz und bei der Lösung eines Problems anzuwendenden Methoden betrifft, möglichst erschöpfend und ausführlich dargestellt.

Inhaltsübersicht: Grundsätzliches über Stabilitätsprobleme. Exakte Lösungen. Kriterien für die Gleichgewichtsarten. Zwei- und dreidimensionale Probleme. Näherungsverfahren für Verzweigungsprobleme. Gültigkeitsgrenzen des Näherungsverfahrens. Näherungslösungen für Eigenwertprobleme. Praktische Bedeutung der Stabilitätstheorie. Anhang: Formelzusammenstellung für kritische Werte von Verzweigungsproblemen. Literaturverzeichnis. Sachverzeichnis.

Physik der Hochpolymeren. Herausgegeben von Professor Dr. **H. Stuart**-Hannover.
In drei Bänden.

Erster Band: **Die Struktur des freien Moleküls.** Von **H. Stuart.**
In Vorbereitung.

Zweiter Band: **Das Makromolekül in Lösung.** Von **J. Hengstenberg, W. Jost, G. Kortüm, O. Kratky, H. Meisenheimer, A. Münster, A. Peterlin, G. v. Schulz, H. Stuart.** In Vorbereitung.

Dritter Band: **Ordnungszustände und Umwandlungserscheinungen in hochpolymeren Stoffen.** Von **A. Brenschede, E. Jenckel, W. Kast, O. Kratky, A. Münster, H. Stuart, K. Wolf, F. Würstlin.**
In Vorbereitung.

Physik, Technische, in Einzeldarstellungen. Herausgegeben von **W. Meissner.**

Sechster Band: **Hochstromkohlebogen.** Physik und Technik einer Hochtemperatur-Bogenentladung. Von Professor Dr. **Wolfgang Finkelnburg.** Mit 132 Abbildungen. VIII, 221 Seiten. 1948.   DMark 22.50

Inhaltsübersicht: Einleitung. Überblick über Eigenschaften und Mechanismus des Niederstromkohlebogens. Allgemeine Eigenschaften und Betriebsbedingungen des Hochstromkohlebogens. Die physikalischen Eigenschaften des Hochstromkohlebogens: Elektrische Eigenschaften. Die Strahlung des Hochstromkohlebogens. Die Temperaturen im Hochstromkohlebogen. Sonstige Eigenschaften des Hochstromkohlebogens. Bogenmechanismus und Theorie des Hochstromkohlebogens. Die technischen Anwendungen des Hochstromkohlebogens. Literaturverzeichnis. Sachverzeichnis.

Siebenter Band: **Grundlagen der Höchstfrequenztechnik.** Von Dr.-Ing. **F. W. Gundlach**, Professor an der Technischen Hochschule Darmstadt, Direktor des Instituts für Fernmeldetechnische Geräte und Anlagen. Mit 189 Abbildungen. VIII, 499 Seiten. 1950.   DMark 48.—

Die Bedeutung der Höchstfrequenztechnik für die elektrische Nachrichtentechnik und für viele physikalische und technische Forschungsgebiete ist heute allgemein bekannt. Im Ausland, insbesondere in USA, ist in der Zwischenzeit eine größere Reihe von Büchern erschienen; eigentümlicherweise behandeln diese, soweit es sich um wissenschaftlich gründliche Werke handelt, niemals das Gesamtgebiet der Höchstfrequenztechnik, sondern immer nur gewisse Teilgebiete.

Es soll die Aufgabe des vorliegenden Buches sein, alle wesentlichen Fragen der Höchstfrequenztechnik mit der gleichen Gründlichkeit zu behandeln. Der Titel „Grundlagen der Höchstfrequenztechnik" ist nicht so zu verstehen, daß das Buch eine erste Einführung darstellt; vielmehr sind die Tatsachen, die von grundlegender Wichtigkeit sind, in eingehender und einheitlicher Darstellungsweise zusammengefaßt. Alle wesentlichen Zusammenhänge werden von den physikalischen Grundlagen her (insbesondere von der Elektronentheorie und der MAXWELLschen Feldtheorie) hergeleitet; hierdurch erhält der Leser eine Anleitung, ähnliche Probleme selbständig zu bearbeiten. Gewisse Anforderungen an die mathematischen Vorkenntnisse des Lesers waren dabei unerläßlich; schwierigere Ableitungen sind jedoch mit einer gewissen Ausführlichkeit behandelt, und weniger bekannte Funktionen sind graphisch dargestellt.

Bei den Geräten der Höchstfrequenztechnik besteht zwischen den Bauelementen: Röhre, Schaltung und Strahler ein wesentlich engerer Zusammenhang als in der Technik niedrigerer Frequenzen. Beispielsweise ist der Schwingkreis in sehr vielen Fällen mit der Röhre unmittelbar baulich vereinigt oder doch wenigstens durch die Gestaltung der Röhre in seinen konstruktiven Einzelheiten festgelegt; ebenso besteht, insbesondere bei Hohlleitungssystemen, ein enger Zusammenhang zwischen Energieleitung und Strahler. Daraus folgt die Forderung, daß der Höchstfrequenztechniker die Gebiete: Röhre, Schaltung und Strahler in gleicher Weise beherrschen muß. Dies gab den wesentlichen Anlaß zur Zusammenfassung des Stoffes in der vorliegenden Art.

Inhaltsübersicht: Einleitung: Die Höchstfrequenztechnik und ihre Wesensunterschiede gegenüber der Hochfrequenztechnik. *A. Elektronenströmungen.* I. Allgemeine Grundlagen. II. Zweipolstrecken (negative Widerstände). III. Vierpolstrecken (Steuerung und Anfachung). IV. Rauscherscheinungen in ebenen Elek-

Achter Band: **Wärmeübertragung im Gegenstrom, Gleichstrom und Kreuzstrom.** Von Dr.-Ing. **Helmuth Hausen**, o. Professor an der Technischen Hochschule Hannover. Mit 230 Textabbildungen. XII, 464 Seiten. 1950.
DMark 69.—

Im vorliegenden Buch werden die Gesetze der Wärmeübertragung zwischen Stoffen, die sich im Gleichstrom, Gegenstrom oder Kreuzstrom bewegen, vom streng physikalischen Standpunkt aus und doch möglichst so behandelt, daß sie auch dem Praktiker mit hinreichend mathematisch-physikalischen Kenntnissen verständlich erscheinen. Den Ausgangspunkt bilden die Ergebnisse der Forschung über den Wärmeübergang und Druckabfall in Rohrleitungen und Kanälen. Die Hauptaufgabe des Buches besteht aber darin, alle wichtigeren Theorien, die bisher über Wärmeaustauscher entwickelt worden sind, zusammenfassend und einheitlich darzustellen. Am Schluß jeder Erörterung soll gezeigt werden, wie man die selbst aus verwickelten Theorien sich ergebenden Berechnungsverfahren fast immer verhältnismäßig einfach und rasch anwenden kann.

Inhaltsübersicht: Einleitung. *Wärmeübergang und Druckabfall in Rohren und Kanälen.* Wärmeübergang durch Wärmeleitung und Konvektion. Einfluß der Wärmestrahlung auf den Wärmeübergang. Druckverlust beim Strömen durch Rohre und Kanäle. *Rekuperatoren.* Temperaturverlauf und Wärmeaustausch bei Gleichstrom und Gegenstrom. Bemessung und Gestaltung der im Gleichstrom und Gegenstrom arbeitenden Rekuperatoren. Wärme- und Kälteverluste von Rekuperatoren. Im Kreuzstrom betriebene Rekuperatoren. Rekuperatoren mit mehreren Durchgängen. *Regeneratoren.* Übersicht über die Theorie der Regeneratoren. Berechnung des Temperaturverlaufs und des Wärmeaustausches in Gegenstromregeneratoren aus den zeitlichen Temperaturänderungen in einem Steinquerschnitt. Exakte Berechnung des vollständigen Temperaturverlaufs bis zu den Regeneratorenden bei sehr gut leitender Speichermasse. Die Berechnungsverfahren von NUSSELT, SCHMEIDLER, ACKERMANN und LOWAN. Näherungsverfahren zur Berechnung des Temperaturverlaufs in Regeneratoren bei sehr gut leitender Speichermasse. Feuchte Regeneratoren bei tiefen Temperaturen. Wärmeübergangszahl und Druckverlust in Regeneratoren. Verzeichnis der am häufigsten benutzten Bezeichnungen. Namen- und Sachverzeichnis.

Neunter Band: **Kleinste Drucke,** ihre Messung und Erzeugung. Von Dr. **Rudolf Jaeckel**, apl. Professor der Physik an der Universität Bonn, und Leiter der Hochvakuumabteilung der Firma E. Leybold's Nachf., Köln-Bayenthal. Unter Mitarbeit von Dr. Helmut Schwarz und Dr. Elisabeth Schüller. Mit 301 Textabbildungen. X, 302 Seiten. 1950.
DMark 39.60

Im Hinblick auf die in stürmischer Entwicklung befindliche Anwendung der Hochvakuumtechnik in Wissenschaft und Industrie nicht nur in Deutschland, sondern besonders auch in den USA, dürfte die Darstellung ihrer physikalisch-technischen Grundlagen durch den Verfasser nicht nur für Physiker, sondern auch für den auf den Nachbargebieten Arbeitenden (Chemiker, Pharmazeuten, Mediziner, Ingenieure usw.) gerade jetzt von akutem Interesse sein. Der Verfasser hat als Leiter der Entwicklungsabteilung einer auf dem Gebiet der Hochvakuumtechnik führenden Spezialfirma und als letzter Mitarbeiter Gaedes besonders enge Berührung mit allen im Vordergrunde des Interesses stehenden Problemen.

Inhaltsübersicht: *Kinetische Gastheorie. Gleichgewichtszustände.* Zahl der Stöße auf die Wand. Druckformel. Geschwindigkeitsverteilung und Geschwindigkeitswerte. Mittlere freie Weglänge. *Transporterscheinungen.* Innere Reibung. Gasströmungen durch Röhren und Öffnungen. Wärmeleitung. Diffusion. *Vakuummeßinstrumente.* Federelastische Druckmessung. Flüssigkeitsmanometer (insbesondere U-Rohrmanometer). Kompressionsmanometer. Wärmeleitungsmanometer. Reibungsmanometer. Vakuummessung durch thermischen Molekulardruck. Ionisationsmanometer. Vakuumanzeige durch Entladungserscheinungen. Leckmesser. *Pumpen. Allgemeine Übersicht.* Sauggeschwindigkeit, Endvakuum, Vorvakuum. Methoden zur Förderleistungs- bzw. Sauggeschwindigkeitsmessung. *Mechanische Pumpen.* Kolbenpumpen. Vielschieberpumpen. Rotierende Ölluftpumpen. *Molekularluftpumpen.* Grundsätzliche Wirkungsweise. Technische Formen von Molekularluftpumpen. Sauggeschwindigkeit und Vorvakuumbeständigkeit von Molekularluftpumpen. *Dampfstrahl- und Diffusionspumpen.* Grundsätzliche Betrachtungen. Einige Einzelheiten aus der technischen Thermodynamik. Thermodynamik der Düsenvorgänge. Theorie der Dampfstrahlpumpen. Theorie der Diffusionspumpe. Technische Formen von Pumpen (Diffusions- und Dampfstrahlpumpen). Quecksilberdampfpumpen. Technische Formen von Öldampfpumpen. Bemessung von Diffusionspumpen und Auswahl geeigneter Vorvakuumpumpen. Wirkungsgrad der Diffusionspumpen. *Erzeugung, Erhöhung und Aufrechterhaltung des Vakuums ohne Pumpen.* Entgasen, Ausheizen oder Desorption. Adsorption und Absorption von Gasen durch feste Stoffe bei niedrigen Drucken. Dampffallen. *Vakuumverbindungen und -leitungen.* Flansche. Schliffe. Feste Verbindungen. Hähne. Ventile. Berechnung der Strömungswiderstände von Leitungen. *Vakuumzubehör.* Baustoffe für Hochvakuumapparaturen. Fette. Wachse, Kitte und Lacke. Anhang: Tabellen und Nomogramme von allgemeiner Bedeutung. Sachregister.

Zehnter Band: **Die elektromagnetische Schirmung in der Fernmelde- und Hochfrequenztechnik.** Von Dr. phil. **Heinrich Kaden,** Oberingenieur der Siemens & Halske AG. Mit 145 Textabbildungen. VIII, 274 Seiten. 1950. DMark 38.—

Ein aus der Forderung nach Wirtschaftlichkeit geborener Grundsatz in der Technik ist der, eine verlangte Wirkung mit möglichst geringem Aufwand zu erzielen. Zur Verwirklichung dieses Prinzips muß sich die Technik der Methoden und Ergebnisse der exakten Naturwissenschaften und der Mathematik bedienen. Je mehr die wissenschaftlich arbeitenden Ingenieure hiervon beherrschen, um so wirtschaftlicher und exakter werden sie ihre technischen Aufgaben lösen können. In diesem Sinne soll ihnen dieses Buch Unterlagen auf dem Gebiete der elektromagnetischen Schirmung in die Hand geben. Obgleich Abschirmungsprobleme immer von neuem in der Fernmelde- und Hochfrequenztechnik auftreten, so gibt es doch auf diesem Gebiete keine zusammenfassende systematische Darstellung, so daß sich der Bear-

[Physik, Technische, in Einzeldarstellungen.]

beiter Unterlagen hierüber entweder mühsam aus der Literatur zusammensuchen oder selbst erarbeiten muß. Der Verfasser dieses Buches, der mit diesen Problemen während seiner langjährigen Tätigkeit im Zentrallaboratorium der Siemens & Halske AG. in enger Berührung stand, will mit der Herausgabe dieses Buches einem Bedürfnis der Industrie und Hochschule entgegenkommen. Das Buch enthält viele Ergebnisse, die bisher noch nicht publiziert worden sind und daher für die breite Fachwelt als neu bezeichnet werden können.

Inhaltsübersicht: *Erster Teil: Schirmung gegen Störfelder*. Einleitung: MAXWELLsche Differentialgleichungen und Randbedingungen; äquivalente Leitschichtdicke. *Geschlossene Schirme mit homogenen Wänden*. Schirme im äußeren magnetischen Störfeld. Schirme mit innerer magnetischer Felderregung. Mehrschichtige Schirme aus verschiedenen Metallen. Schirmmatrizen mit Anwendung auf beliebig dicke magnetostatische Schirme. *Zusammengesetzte metallische Hüllen mit Fugen*. Einleitung. Zylindrische Hülle aus axialen Bändern. Zylindrische Hülle aus ringförmigen Stücken. Kugelförmige Hülle aus zwei Halbschalen. Anhang: Beweis der Gleichung (330). Zusammenfassung. *Schirme mit Spalten*. Das magnetische Wechselfeld in der Umgebung von Hochfrequenzleitern. Anwendung auf den Durchgriff des elektrischen und magnetischen Feldes durch Schirme mit Spalten. Anhang. Zusammenfassung. *Der Durchgriff des elektrischen und magnetischen Feldes durch Löcher und der Umgriff um den Rand offener Schirme*. Der Durchgriff des Feldes durch ein Kreisloch. Umgriff des Feldes um eine dünne Kreisplatte. Anhang: Beweis für die Lösung der unendlichen Gleichungssysteme (472) und (497). *Gitterschirme*. Magnetisches Feld. Das elektrische Feld. *Zweiter Teil: Schirmung gegen Störströme*. Einleitung: Allgemeine Definition des Kopplungswiderstandes. Der Kopplungswiderstand spezieller Leiterkonstruktionen. Das Nebensprechen zwischen koaxialen Leitungen. Das Nebensprechen zwischen einer verdrallten und einer koaxialen Leitung. Das Nebensprechen zwischen verdrallten Leitungen mit Zwischenschirm. *Dritter Teil: Anhang*. Die wichtigsten Eigenschaften der Zylinder- und Kugelfunktionen. Erklärung der Formelzeichen. Literatur- und Sachverzeichnis.

Pohl, Robert Wichard, o. ö. Professor der Physik an der Universität Göttingen, **Einführung in die Physik.**

Erster Band: **Einführung in die Mechanik, Akustik und Wärmelehre.** Zehnte und elfte, verbesserte und ergänzte Auflage. Mit 547 Abbildungen, darunter 8 entlehnten. VIII, 356 Seiten. 1947. DMark 21.—

Inhaltsübersicht: *A. Mechanik:* Einführung. Längen- und Zeitmessung. Darstellung von Bewegungen, Kinematik. Grundlagen der Dynamik. Einfache Schwingungen, Zentralbewegungen und Gravitation. Hilfsbegriffe. Arbeit, Energie, Impuls. Drehbewegungen fester Körper. Beschleunigte Bezugssysteme. Einige Eigenschaften fester Körper. Über ruhende Flüssigkeiten und Gase. Bewegungen in Flüssigkeiten und Gasen. *B. Akustik:* Schwingungslehre. Wellen und Strahlung. *C. Wärmelehre:* Grundbegriffe. 1. Hauptsatz und Zustandsgleichungen. Wärme als ungeordnete Bewegung. Transportvorgänge, insbesondere Diffusion und Wärmeleitung. Zustandsänderungen von Gasen und Dämpfen. Die Zustandsgröße Entropie. Umwandlung von Wärme in ,Arbeit. 2. Hauptsatz. Anhang. Sachverzeichnis. Tafeln.

[Pohl, Einführung in die Physik.]

Zweiter Band: **Einführung in die Elektrizitätslehre.** Dreizehnte und vierzehnte Auflage. Mit 497 Abbildungen, darunter 20 entlehnten. IV, 302 Seiten. 1949.   DMark 18.60

Inhaltsverzeichnis: Meßinstrumente für Strom und Spannung. Das elektrische Feld. Kräfte und Energie im elektrischen Feld. Kapazitive Stromquellen und einige Anwendungen elektrischer Felder. Materie im elektrischen Feld. Das magnetische Feld. Verknüpfung elektrischer und magnetischer Felder. Kräfte in magnetischen Feldern. Materie im Magnetfeld. Anwendungen der Induktion, insbesondere induktive Stromquellen und Elektromotoren. Trägheit des Magnetfeldes und Wechselströme. Mechanismus der Leitungsströme. Elektrische Felder in der Grenzschicht zweier Substanzen. Die Radioaktivität. Elektrische Wellen. Das Relativitätsprinzip als Erfahrungstatsache. Anhang: Die elektrischen Einheiten. Vergleichende Übersicht über die Schreibweise einiger Gleichungen. Sachverzeichnis. Periodisches System der Elemente. Magnetische Feldvektoren und Einheiten. Nebenbegriffe. Oft gebrauchte Gleichungen. Längeneinheiten, Krafteinheiten, Druckeinheiten, Energieeinheiten. Winkelmessung. Wichtige Konstanten. Ergänzungen. Berichtigungen.

Dritter Band: **Einführung in die Optik.** Siebente und achte Auflage. Mit 565 Abbildungen im Text und auf einer Tafel, darunter 18 entlehnten. IV, 356 Seiten. 1948.   DMark 21.—

Inhaltsübersicht: Die einfachsten optischen Beobachtungen. Abbildung und die Bedeutung der Lichtbündelbegrenzung. Einzelheiten, auch technische, über Abbildung und Bündelbegrenzung. Energie der Strahlung und Bündelbegrenzung. Interferenzerscheinungen nebst Anwendungen. Beugung nebst Anwendungen. Beugung an undurchsichtigen Strukturen. Beugungserscheinungen an durchsichtigen Strukturen. Geschwindigkeit des Lichts und Licht in bewegten Bezugssystemen. Polarisiertes Licht. Zusammenhang von Reflexion, Brechung und Absorption des Lichtes. Streuung und Dispersion. Quantenhafte Absorption und Emission der Atome. Quantenhafte Absorption und Emission von Molekülen. Der Dualismus von Welle und Korpuskel. Über Strahlungsmessung und Lichtmessung. Über Farben und Glanz. Anhang: Dosierung von Röntgenlicht. Sachverzeichnis. Tafeln.

Aus den Besprechungen: Die große Zahl von Auflagen zeigt, daß sich das Buch einen besonders weiten Leserkreis erworben hat. — Der wesentliche Charakter und Umfang des Buches ist erhalten geblieben. Es ist hervorzuheben, daß der Begriff „Optik" sehr weit gefaßt ist. Fast die Hälfte des Buches beschäftigt sich mit der Wechselwirkung zwischen Strahlung und Materie, also den Dispersionserscheinungen, ferner der Absorption und Emission der Strahlung, so daß man vieles in ihm findet, was sonst in einer Einführung in die Atomphysik behandelt wird. — Von einigen Ergänzungen, die die neue Auflage aufweist, ist besonders der Abschnitt über das Phasenkontrastverfahren hervorzuheben. Diese neue Methode, deren Einführung in die mikroskopische Technik besonders für die biologische Forschung von fundamentaler Bedeutung zu werden verspricht, ist ganz einfach elementar zu erläutern. Der entsprechende Abschnitt wird daher in der nächsten Zeit wohl besonders häufig auch von Nichtphysikern gelesen werden und eine Art Testobjekt auf Darstellungskunst bleiben.   *„Die Naturwissenschaften."*

Pöschl, Dr.-Ing. Theodor, o. Professor an der Technischen Hochschule in Karlsruhe, **Lehrbuch der Technischen Mechanik** für Ingenieure und Physiker. Zum Gebrauch bei Vorlesungen und zum Selbststudium.

[Pöschl, Lehrbuch der Technischen Mechanik.]

Erster Band: Statik und Dynamik. Dritte, umgearbeitete Auflage. Mit 257 Abbildungen. VIII, 343 Seiten. 1949.

DMark 22.50; gebunden DMark 25.—

Aus dem Vorwort: Die Mechanik nimmt im technischen Unterricht eine Mittelstellung ein zwischen den vorbereitenden Gegenständen — Mathematik, darstellende Geometrie und Physik — und den eigentlich technischen, den verschiedenen Ausgangsfächern. Ihr Studium bereitet erfahrungsgemäß dem Anfänger gewisse Schwierigkeiten, die sich insbesondere dann einstellen, wenn der Studierende in die Lage kommt, selbständig mechanische Aufgaben von der Art, wie sie die technische Praxis stellt, lösen zu müssen. — Zur Überwindung der hierbei auftauchenden Schwierigkeiten soll das vorliegende Buch einen Weg weisen. Es will in knapper Form unter Vermeidung alles irgend Entbehrlichen und unter fortgesetzter Bezugnahme auf die Anwendungen die einfachsten und wichtigsten Lehren der Mechanik in einem Umfang darbieten, wie sie (ungefähr) von den Studierenden unserer technischen Hochschulen verlangt werden.

Inhaltsübersicht: Einleitung. Statik der starren Körper. Dynamik der Punktmassen. Kinematik der starren Körper. Dynamik der starren Körper. Literaturübersicht. Namen- und Sachverzeichnis.

Zweiter Band: Elementare Festigkeitslehre. Zweite Auflage.

In Vorbereitung.

Sauer, Professor Dr. R., München, **Einführung in die theoretische Gasdynamik.** Zweite Auflage. Mit 107 Textabbildungen. VIII, 173 Seiten. 1951.

DMark 16.50

Inhaltsübersicht: Grundbegriffe. Linearisierte Strömung. Nichtlinearisierte Strömung an Ecke und Kegel, Verdichtungsstoß. Nichtlinearisierte Strömung für allgemeine Randbedingungen. Namen- und Sachverzeichnis.

Schmidt, Dr.-Ing. Ernst, o. Professor und Direktor des Instituts für Wärmetechnik an der Technischen Hochschule Braunschweig, **Einführung in die Technische Thermodynamik** und in die Grundlagen der chemischen Thermodynamik. Vierte, überarbeitete und erweiterte Auflage. Mit 244 Abbildungen und 69 Tabellen sowie 3 Dampftafeln als Anlage. XVI, 520 Seiten. 1950.

Ganzleinen DMark 30.—

Inhaltsübersicht: Verzeichnis der Tabellen. Liste der Formelzeichen. I. Temperatur und Wärmemenge. II. Erster Hauptsatz der Wärmelehre. III. Der thermodynamische Zustand eines Körpers. IV. Das vollkommene Gas. V. Kreisprozesse. VI. Der zweite Hauptsatz der Wärmelehre. VII. Anwendung der Gasgesetze und der beiden Hauptsätze auf Gasmaschinen. VIII. Die Eigenschaften der Dämpfe. IX. Das Erstarren und der feste Zustand. X. Anwendungen auf die Dampfmaschine. XI. Zustandsgleichungen von Dämpfen. XII. Die Verbrennungserscheinungen. XIII. Strömende Bewegung von Gasen und Dämpfen. XIV. Strömungsmaschinen. XV. Thermodynamik des Raketenantriebes. XVI. Thermodynamischer Luftstrahlantrieb. XVII. Die Grundbegriffe der Wärmeübertragung. XVIII. Die Wärmeübertragung durch Strahlung. XIX. Dampf-Gas-Gemische. XX. Die Anwendung des I. und II. Hauptsatzes der Thermodynamik auf chemische Vorgänge. XXI. Das NERNSTsche Wärmetheorem oder der dritte Hauptsatz der Wärmelehre. Anhang: Dampftabellen und Tafeln. Lösungen der Aufgaben. Schrifttumsverzeichnis. Namen- und Sachverzeichnis.

Aus
Sitzungsberichte der Heidelberger Akademie der Wissenschaften, Mathematisch-naturwissenschaftliche Klasse.

Jahrgang 1948.

5. Abhandlung: **Der Streufehler bei der Ausmessung von Nebelkammerbahnen im Magnetfeld.** Von **W. Bothe.** 14 Seiten. 1948. DMark 1.—

7. Abhandlung: **Die Jansen-Rayleighsche Näherung zur Berechnung von Unterschallströmungen.** Von **H. Wendt.** 26 Seiten. 1948. DMark 2.40

Jahrgang 1950.

3. Abhandlung: **Theorie des Doppellinsen-β-Spektrometers.** Von **W. Bothe.** Mit 5 Textabbildungen. 13 Seiten. 1950. DMark 1.90

5. Abhandlung: **Zur Strahlungsrückwirkung in der klassischen Mesonentheorie. — Die klassische Mesodynamik als Fernwirkungstheorie.** Von **H. Steinwedel.** Mit 1 Textabbildung. 14 Seiten. 1950. DMark 1.80

Struktur und Eigenschaften der Materie in Einzeldarstellungen. Herausgegeben von Professor Dr. **W. Bothe**-Heidelberg, und Professor Dr. **S. Flügge**-Marburg-Lahn.

.In Vorbereitung:

Quantenchemie. Von Professor Dr. **H. Hartmann**-Laubach (Hessen).

Tiefe Temperaturen. Von Professor Dr. **W. Meissner**-München, und Professor Dr. **G. Schubert**-Mainz.

Halbleiter. Von Professor Dr. **W. Schottky**-Pretzfeld (Oberfranken).

Stuart, Professor Dr. H. A., Hannover, **Kurzes Lehrbuch der Physik.** Zweite und dritte Auflage. Mit 378 Abbildungen. VIII, 284 Seiten. 1949.
Halbleinen DMark 15.—

Das „kurze" Lehrbuch soll dem Anfänger über die zunächst so verwirrende Vielheit der physikalischen Erscheinungen einen ersten ordnenden Überblick vermitteln, der ihn die gemeinsamen und im Grunde einfachen Gesetzmäßigkeiten erkennen läßt und der ihn zu weiterem Studium anregen möge.
Inhaltsübersicht: Mechanik. Schwingungs- und Wellenlehre. Akustik. Wärmelehre. Elektrizität und Magnetismus. Optik und allgemeine Strahlungslehre. Namen- und Sachverzeichnis.

Suhrmann, Professor Dr. R., Braunschweig, und Dr. **H. Luther,** Braunschweig, **Ultrarotspektroskopie.** Grundlagen und Anwendung.
In Vorbereitung.

Taschenbuch für Chemiker und Physiker. Herausgegeben von Dr.-Ing. **Jean D'Ans,** Professor an der Technischen Universität Berlin-Charlottenburg und Dr. phil. **Ellen Lax,** Physikerin in Berlin. Zweite, berichtigte Auflage. Mit 350 Abbildungen und graphischen Darstellungen. VIII, 1896 Seiten. 1949. Ganzleinen DMark 36.—

Aus den Besprechungen: Wie im Vorwort angegeben, ist das nunmehr in der zweiten Auflage vorliegende Taschenbuch für Chemiker und Physiker dazu bestimmt, das Chemiker-Taschenbuch, welches früher als Chemiker-Kalender herauskam, abzulösen. Die bewährten Tabellen dieses Werkes dienen als Grundlage für die neue Bearbeitung. Unter den Händen der Herausgeber ist ein völlig neues Werk entstanden. Der alte Chemiker-Kalender war im wesentlichen auf die Bedürfnisse des technischen Chemikers zugeschnitten. Das Taschenbuch von D'Ans und Lax ist dagegen ein Tabellenwerk, welches für den großen Kreis aller naturwissenschaftlich in Industrie und Forschung Tätigen bestimmt ist und nun wirklich alles enthält, was diesem Benutzerkreise an wichtigen und grundsätzlichen Ergebnissen zur Hand sein sollte. Die Bedeutung dieses Werkes kann kaum überschätzt werden und Verfassern und Bearbeitern gebührt der Dank aller jener, die sich täglich seiner bedienen und sich in dem handlichen Buche Auskunft holen können, welche sie bisher nur in den naturgemäß nicht überall zugänglichen großen physikalisch-chemischen Tabellenwerken fanden. *„Die Naturwissenschaften."*

Tölke, Professor Dr.-Ing. Friedrich, Karlsruhe, **Mechanik deformierbarer Körper.**

Erster Band: **Der punktförmige Körper.** Mit 339 Abbildungen im Text. VIII, 388 Seiten. 1949. Ganzleinen DMark 45.—

Inhaltsübersicht: *I. Abschnitt:* 1. Der geradlinig bewegte, punktförmig idealisierte Körper. *II. Abschnitt: Der beliebig bewegte, punktförmig idealisierte Körper.* 2. Vektorielle, geometrische und kinematische Grundlagen. 3. Mechanische Grundlagen. 4. Bewegungen in zentralen Potentialfeldern. 5. Mechanik der Raum- und Relativbewegungen. *III. Abschnitt: Der punktförmig idealisierte Körperhaufen.* 6. Massenmittelpunkt des Haufensystems. 7. Mechanik des Haufensystems. 8. Die gekoppelten harmonischen Schwingungen in Verbindung mit erzwungenen Schwingungen. 9. Die gedämpften Schwingungen.

In dem vorliegenden ersten Band ist, neben dem Einbau zahlreicher mathematischer Grundlagen für die folgenden Bände, größter Wert auf eine möglichst weitgehende Behandlung der Elemente der Schwingungslehre gelegt worden. 55 vollständig durchgerechnete Beispiele aus zahlreichen Gebieten der Technik lassen anschaulich erkennen, wie viele technische Probleme bereits mit den Methoden der Punktmechanik einer vollständigen Lösung entgegengeführt werden können. Auch die mathematisch schwierigeren Kapitel sind durch Beispiele erläutert. Dort, wo wie im Falle der Schwingungen mit quadratischer Dämpfung keine geschlossenen Lösungen gegeben werden konnten, sind die Ergebnisse in einer Reihe von Zahlentafeln niedergelegt worden, die eine unmittelbare Lösung technischer Aufgaben erlauben. — In Anpassung an die Ausweitung der dynamischen und thermischen Beanspruchungen von Konstruktionsteilen und an die Entwicklung der hydrodynamischen Grenzgebiete, insbesondere auf dem Gebiete der Schwingungen und Stoßerscheinungen, ist die folgende Gliederung dieses Werkes geplant: Band I: Der punktförmige Körper. Band II: Der statisch beanspruchte feste Körper. Band III: Der dynamisch beanspruchte feste Körper. Band IV: Der thermisch beanspruchte feste Körper. Band V: Flüssigkeiten und Gase.

Trendelenburg, Dr. phil. Ferdinand, Honorar-Professor an der Universität Freiburg i. Br., **Einführung in die Akustik.** Z w e i t e, umgearbeitete Auflage. Mit 280 Abbildungen. VIII, 378 Seiten. 1950.   Ganzleinen DMark 39.—

Für die zweite Auflage der „Einführung in die Akustik" wurde die Einteilung des Stoffes beibehalten. Am ersten, die grundlegenden Fragen der Schwingungs- und Wellenlehre behandelnden Abschnitt brauchte naturgemäß nur wenig geändert zu werden. Alle übrigen Abschnitte des Buches wurden im Hinblick auf die schnelle Weiterentwicklung, welche die Akustik seit Erscheinen der ersten Auflage genommen hat, weitgehend umgearbeitet und ergänzt. Eine Reihe von Abschnitten wurde praktisch völlig neu geschrieben.

I n h a l t s ü b e r s i c h t: *I. Grundlegende Fragen der Schwingungslehre und der Wellenlehre:* Einfache Schwingungen. Zusammengesetzte Schwingungen, Fourierdarstellung. Lissajousschwingungen. Freie und erzwungene Schwingungen (Systeme von einem Freiheitsgrad). Schwingungen von Systemen mit nichtlinearen Eigenschaften. Koppelungsschwingungen (Systeme von mehreren Freiheitsgraden). Selbsterregte Schwingungen. Wellengleichung. Die verschiedenen Wellenarten. Eigenschwingungen von Luftsäulen, Saiten, Membranen, Stäben. Einfluß einer Bewegung von Schallquelle oder Schallempfänger. Dopplereffekt. *II. Schallfeldgrößen und ihre Messung:* Schalldruck, Bewegung, Schnelle, Temperaturschwankung, Dichteschwankung. Frequenz, Wellenlänge, Schallgeschwindigkeit. Schallstärke, Schalleistung. Lautstärke. *III. Schallerzeugung:* Grundlegende theoretische Bemerkungen zur Schallabstrahlung. Mechanische Schallsender, Musikinstrumente. Die menschliche Stimme. Elektrische Schallsender. Thermische Schallsender. *IV. Schallausbreitung:* Schallgeschwindigkeit. HUYGENSsches Prinzip, Reflexion, Beugung, Brechung. Schallabsorption. Vorgänge in geschlossenen akustischen Systemen (Resonatoren, Filter, Leitungen). Raum- und Bauakustik. *V. Schallempfang und Schallaufzeichnung:* Wirkungsweise und Bauart technischer Schallempfänger. Gerichteter Schallempfang. Eichung von Schallempfängern. Das Ohr als Schallempfänger. Schallaufzeichnung. *VI. Schallanalyse. Physikalische Eigenschaften natürlicher Schallvorgänge:* Verfahren zur Schallanalyse. Physikalische Eigenschaften natürlicher Schallvorgänge. *VII. Anhang:* Benennungen in der Akustik. Zusammenstellung praktisch wichtiger akustischer Formeln. *Sachverzeichnis.*

Weizel, Walter, Professor der Physik an der Universität Bonn, **Lehrbuch der theoretischen Physik.** In zwei Bänden.
Jeder Band ist einzeln käuflich.

E r s t e r B a n d: **Physik der Vorgänge.** Bewegung, Elektrizität, Licht, Wärme. Mit 270 Textabbildungen. XV, 771 Seiten. 1949.
DMark 53.—; Ganzleinen DMark 56.90

Dieses neue, zweibändige Lehrbuch unterscheidet sich von seinen Vorgängern hauptsächlich dadurch, daß der Quantentheorie der ihr zukommende Platz angewiesen ist, und daß, um den Inhalt des Buches näher an den Stand der Forschung heranzuführen oder die Brücke zu manchen technischen Anwendungen zu schlagen, vielfach auch Gegenstände aufgenommen wurden, die sonst in Lehrbüchern nicht berücksichtigt werden. — Der erste Band behandelt im wesentlichen die Gebiete der klassischen Physik: Mechanik der Punkte und starren Körper, Mechanik der Kontinua, Elektrodynamik, Optik, Relativitätstheorie und Thermodynamik. — Die meisten Abschnitte verlangen zum Verständnis an mathematischen Hilfsmitteln neben Elementen der analytischen Geometrie und der Kenntnis der Vektoranalysis nur die sichere Beherrschung der Infinitesimalrechnung und der Theorie der

[Weizel, Lehrbuch der theoretischen Physik.]

gewöhnlichen Differentialgleichungen. Sie sollten daher dem Studenten der mittleren Semester keine großen Schwierigkeiten bereiten. Einzelne Gegenstände — Krystalloptik, DIRACsche Theorie, Theorie der Siebketten — setzen größere Vorkenntnisse voraus; sie sind durch einen Stern gekennzeichnet. — Besondere Einrichtungen wurden getroffen, um dem Leser die Orientierung in dem Buch zu erleichtern.

Inhaltsübersicht: *Die Theorie als ordnendes Prinzip des Erkennens. Mechanik der Massenpunkte und starren Körper:* Die freie Bewegung des einzelnen Massenpunktes. Mechanik eines Systems von vielen Massenpunkten. Die Bewegung des starren Körpers. Die Prinzipien der Dynamik. Die HAMILTON-JACOBISche Theorie. Periodische und bedingt periodische Bewegungen. Der Übergang zur Wellenmechanik. *Mechanik der Kontinua:* Bewegungen und Spannungen in einem Kontinuum. Elastizitätstheorie. Einfache Anwendungen der Elastizitätstheorie. Elastische Wellen und Eigenschwingungen. Eigenschwingungen elastischer Körper. Die Grundgleichungen der Hydrodynamik. Ideale Flüssigkeiten. Zähe Flüssigkeiten. Kapillarität. Zeitlich veränderliche Strömungen. Strömungen kompressibeler Medien. *Elektrodynamik:* Elektrostatik. Das stationäre elektrische Feld. Das Magnetfeld des stationären Stromes. Das quasistationäre Feld. Vierpoltheorie der Schaltungen. Das schnellveränderliche elektromagnetische Feld. Die Entstehung elektrischer Wellen. *Optik:* Fortpflanzung, Reflexion und Brechung des Lichtes. Geometrische Optik. Interferenz. Beugung. Kristalloptik. *Elektrodynamik bewegter Körper. Relativitätstheorie:* Die Theorie des ruhenden elektromagnetischen Äthers. Die Lorentz-Transformation. Lorentzinvariante Elektrodynamik. Spezielle Relativitätstheorie. Das Problem der allgemeinen Relativitätstheorie. *Thermodynamik:* Zustandsgrößen und Zustandsgleichung. Die Hauptsätze der Thermodynamik. Die thermodynamischen Funktionen und die thermodynamischen Differentialgleichungen. Einfache Anwendungen. Die absoluten Zahlwerte der thermodynamischen Funktionen. Nernstsches Theorem. Grenzgebiete der Thermodynamik. Wärmestrahlung. Die Wärmeleitung.

Zweiter Band: **Struktur der Materie.** Mit 194 Textabbildungen. XII, 768 Seiten. 1950.   DMark 66.—; Ganzleinen DMark 69.90

Dem ersten, von der gesamten Fachkritik lebhaft begrüßten Band der „Theoretischen Physik" folgt nunmehr der zweite. Beschäftigte sich der erste Band mit der Physik der Erscheinungen oder „Klassischen" Physik, so ist nun der Inhalt des zweiten Bandes die Physik der stofflichen Dinge, mit anderen Worten die Theorie des Aufbaus der Materie aus ihren Bausteinen. Er enthält, gewissermaßen als Einführung, eine elementare Theorie der Atomhülle, in der die leicht zugänglichen Probleme der Quantentheorie gelöst werden. Anschließend wird die Quantentheorie in ihren verschiedenen Gestalten entwickelt: Die Wellenmechanik, die Matrizenmechanik und die symbolische statistische Form. Auch der relativistischen Quantentheorie und der Quantentheorie der Wellenfelder, der sog. zweiten Quantelung, welche sonst in Lehrbüchern kaum einen Platz finden, ist ein angemessener Raum gegeben. — Sodann findet die Quantentheorie, insbesondere ihre Störungsverfahren, Anwendung auf die Theorie der Moleküle und der chemischen Bindung. Der enge Zusammenhang der klassischen, der BoSEschen und der FERMISchen Statistik leitet zur kinetischen Theorie der Gase über. Das Gebiet der Elektronik und Gasentladungen gibt einen Ausschnitt aus den technischen Anwendungen atomtheoretischer Erkenntnisse. In der Theorie der festen Körper, einschließlich der Metalle, kommen klassische und quantenmechanische Methoden in gleicher Weise zur Anwendung. — Der Schluß des Bandes befaßt sich mit neueren Versuchen, die Elementarteilchen und die Atomkerne der theoretischen Behandlung zu erschließen.

[Weizel, Lehrbuch der theoretischen Physik.]

Inhaltsübersicht: *Elementare Atomtheorie.* Die Bausteine der Materie und ihre Eigenschaften. Die einfachsten empirischen Gesetzmäßigkeiten der Linienspektren und ihre Deutung. Struktur und Eigenschaften der Atome. Intensität und Polarisation der Spektrallinien. *Quantentheorie.* Die wellenmechanische Formulierung der Quantentheorie. Die Matrizendarstellung der Quantentheorie. Die statistische Deutung der Quantentheorie. Quantentheorie zeitabhängiger Systeme. Translatorische Bewegungen. Relativistische Quantentheorie. Der Elektronenspin. Systeme gleicher Teilchen. Quantentheorie der Wellenfelder. *Moleküle. Chemische Bindung.* Die Elektronenkonfiguration in den Molekülen. Die chemische Bindung. Schwingung und Rotation zweiatomiger Moleküle. Die Spektren der Moleküle. Bandenspektren. *Statistik.* Die klassische Statistik und ihr Verhältnis zur Quantentheorie. Bosestatistik und Fermistatistik. *Struktur und Eigenschaften der Gase.* Das ideale Gas im thermodynamischen Gleichgewicht. Zusammenstöße zwischen den Molekülen. Der Elektrizitätstransport im Vakuum und in Gasen. Die elektrischen Entladungen in Gasen. *Struktur und Eigenschaften der zusammenhängenden Materie.* Der Aufbau der kompakten Materie aus Atomen und Molekülen. Mechanische und elektrische Eigenschaften nichtmetallischer Gitter. Die optischen Eigenschaften der Kristallgitter. Gittertheorie der Metalle. Der flüssige Zustand. *Kernphysik. Elementarteilchen.* Die Elementarteilchen. Einfache empirische Gesetzmäßigkeiten der Atomkerne. Kernprozesse. Sachverzeichnis.

Westphal, Wilhelm H., **Physik.** Ein Lehrbuch. Vierzehnte und fünfzehnte Auflage. Mit 650 Abbildungen. XII, 758 Seiten. 1950.

Ganzleinen DMark 29.70

Inhaltsübersicht: Einleitung. *Mechanik der Massenpunkte und der starren Körper:* Bewegungslehre. Die Lehre von den Kräften. Die allgemeine Gravitation. *Physik der Stoffe:* Die Materie. Die Elastizität der festen und flüssigen Stoffe. Mechanik ruhender Flüssigkeiten. Mechanik ruhender Gase. Mechanik bewegter Flüssigkeiten und Gase. Schwingungen und Wellen. Schall. *Wärmelehre:* Das Wesen der Wärme. Zustandsgleichungen. Wärmeenergie. Änderungen des Aggregatzustandes. Lösungen. Die drei Hauptsätze der Wärmelehre. Wärme und Arbeit. *Elektrostatik:* Die elektrostatischen Erscheinungen im Vakuum. Die elektrischen Eigenschaften der Stoffe. *Elektrische Ströme:* Elektrische Ströme in festen Leitern. Elektrische Ströme in flüssigen Leitern. Elektrische Ströme in Gasen. *Magnetismus und Elektrodynamik:* Magnetische Felder im Vakuum. Die magnetischen Eigenschaften der Stoffe. Elektromagnetische Induktion. Elektromagnetische Geräte. Wechselstrom. Elektrische Maschinen. Elektrische Schwingungen und Wellen. *Optik und allgemeine Strahlungslehre:* Das Wesen des Lichtes. Lichtmessung. Geometrische Optik. Wellenoptik. Das elektromagnetische Spektrum. Temperaturstrahlung. *Relativitätstheorie. Quantentheorie. Atome und Moleküle. Kristalle:* Quantentheorie des Lichtes. Quantentheorie der Atome und Moleküle. Quantenmechanik. Physik der Atomkerne. Ultrastrahlung. *Astrophysik und Physik des Weltalls.* Schlußwort. Anhang. Namen- und Sachverzeichnis.

Aus den Besprechungen: ... Wie aus dem Vorwort zu ersehen ist, sind besonders die Kapitel Relativitätstheorie, Kernphysik und Astrophysik und Physik des Weltalls neu geschrieben worden; auch in den übrigen Teilen finden sich Änderungen. Besonders erfreulich sind die in Fußnoten angegebenen Lebensdaten von rund 400 Physikern. ... Die Tabellen über die Konstanten und Maßsysteme sind stark erweitert. Es finden sich jetzt fast alle Daten darin, die man für Überschlagsrechnungen gern schnell zur Hand hat.

[Westphal, Physik.]

... Im ganzen gesehen, ist es immer wieder beeindruckend, daß auf den 740 Seiten ein Abriß der heutigen Physik gegeben werden kann, trotzdem in den letzten Jahrzehnten eine so außerordentlich stürmische Entwicklung mit vielen grundlegenden Erkenntnissen eingesetzt hat. Auch in seiner neuen Form wird daher dieses Lehrbuch seine Beliebtheit bei den Studenten behalten, die ihm auch in jeder Weise zu wünschen ist.   *„Zeitschrift für angewandte Physik."*

Westphal, Wilhelm H., **Kleines Lehrbuch der Physik** o h n e A n w e n d u n g h ö h e r e r M a t h e m a t i k. Mit 283 Abbildungen. VIII, 251 Seiten. 1948.
Halbleinen DMark 9.60

Obwohl dieses Buch sich an einen viel weiteren Kreis wendet, als das große Lehrbuch desselben Verfassers, ist es keineswegs eine Art Auszug aus diesem, sondern wurde völlig neu geschrieben, ohne dessen Text zu benutzen. Lediglich eine Anzahl von Abbildungen wurde übernommen.

—, Physikalisches Wörterbuch.   Unter der Presse.

Meteorologie

Scherhag, Dr. Richard, Berlin, **Neue Methoden der Wetteranalyse und Wetterprognose.** Mit 213 zum größten Teil farbigen Abbildungen. XII, 424 Seiten.
1948.   DMark 78.—; Halbleinen DMark 82.50

In diesem Buch sind die in den letzten Jahren entwickelten und im deutschen
meteorologischen Dienst erprobten neuen synoptisch-aerologischen Erkenntnisse,
auf denen seit 1941 die tägliche Konstruktion der Vorhersagekarte basiert, zusammenfassend dargestellt. Damit wird diese Methode einem größeren Kreise zugänglich
gemacht und als Grundlage für einen späteren Wiederaufbau des Friedenswetter-
dienstes gesichert. Gleichzeitig wurde das während der letzten Jahre angefallene
umfangreiche deutsche aerologische Beobachtungsmaterial einer ersten Sichtung
und Bearbeitung unterzogen.

Inhaltsübersicht: *Entwicklung und Grundlagen der Synoptik:* A. Die Anfänge
der Synoptik. B. Die Entwicklung der Wetterkarten. C. Die Einführung der Fronten
und Luftmassen. D. Die Anfänge der synoptischen Aerologie. E. Die Aerologie der
oberen Troposphäre und Stratosphäre. F. Die Vorhersagekarte. G. Die Grundlagen
der Synoptik. H. Der Einfluß der Reibung und ablenkenden Kraft der Erdrotation
auf das Wettergeschehen. *Die allgemeine Zirkulation der Tropo- und Stratosphäre
und ihre Auswirkung auf das Wettergeschehen:* A. Das Beobachtungsmaterial. B. Der
Strahlungsfehler. C. Die Zirkulation über Europa im Jahreslauf. D. Die allgemeine
Zirkulation auf der Erde. E. Die monsunale Zirkulation auf der Nordhalbkugel
im Januar und Juli. F. Die stratosphärische Kompensation. *Das Wetter und
seine Analyse:* A. Die Elemente der Wetterkarte. B. Die Analyse der Wetterkarte.
C. Typische Wetterlagen in Europa. *Die Wettervorhersage:* A. Beschreibung einiger
bemerkenswerter Wetterentwicklungen. B. Die Bedeutung der dreidimensionalen
Wetteranalyse für die Wettervorhersage. C. Die Vorhersage der einzelnen Wetter-
elemente. *Längerfristige Vorhersagen:* A. Die Mittelfristprognose. B. Die Lang-
fristprognose. C. Monats- und Jahreszeitenvorhersagen. D. Langjährige Witte-
rungsperioden. Literatur. Verzeichnis der Abbildungen. Zusammenstellung der
Tabellen und Tafeln. Anhang. Namen- und Sachverzeichnis.

Aus den Besprechungen: Mit diesem Werk liefert R. SCHERHAG einen umfassenden Bericht über die modernen Methoden des Wetterdienstes, wie er sich in
den letzten 15 Jahren in den wichtigsten Kulturländern — infolge der Einbeziehung
der freien Atmosphäre durch Drachen, Flugzeug und heute allgemein nur noch
die Radiosonde — zu einer dreidimensionalen Betrachtungsweise entwickelt hat. Im
Ausbau der von den Norwegern (V. BJERKNES und seinen Mitarbeitern) angegebenen
Methoden wurden Höhenwetterkarten bis rund 22 km Höhe (41 mb) entworfen.
Die seit 1934 gemachten Erfahrungen mit den Karten der 500-mb-Fläche (5—5,5 km)
erlaubten seit 1941 die regelmäßige Herausgabe einer Vorhersage-Wetterkarte für
den kommenden Tag, mit der SCHERHAG eine — auch im internationalen Vergleich
hervorragende — merkliche Verbesserung der Vorhersageleistung des Wetterdienstes
erreichen konnte; ihr Nutzen zeigt sich erst jetzt im richtigen Licht bei der großen

[Scherhag, Neue Methoden der Wetteranalyse und Wetterprognose.]

Erweiterung der Aufgaben des Wetterdienstes durch die Weitflüge des modernen Luftverkehrs. — Die interessantesten Ausführungen befassen sich mit der Stratosphäre, für deren Rolle im Wettergeschehen neue Gesichtspunkte beigebracht werden. Mehrere hundert, meist farbige Wetterkarten und Diagramme erläutern die wichtigsten Wettertypen an besonders typischen Einzelbeispielen, wobei die dreidimensionale Betrachtung systematisch durchgeführt wird und ihre großen Vorteile für das Verständnis der Wettervorgänge erweist. Die Methode der Konstruktion der Vorhersagekarte sowie die Grundsätze zur Aufstellung von kurz- und langfristigen Vorhersagen werden eingehend beschrieben. Wenn auch das Werk in erster Linie in die Hand des Wetterdienstpraktikers gehört, so vermittelt es doch auch dem Außenstehenden ein überaus eindrucksvolles Bild von der Arbeitsweise des modernen Wetterdienstes; die einleitenden Ausführungen erleichtern auch dem Nichtfachmann das Verständnis der angewandten Methode. In Anbetracht der hervorragenden Ausstattung mit über 200 farbigen Abbildungen ist der an sich hohe Preis als angemessen zu bezeichnen. — Das Werk, das bereits im Ausland größte Beachtung findet, verdient das Interesse auch der Nachbarwissenschaften, zumal bei der raschen Entwicklung der Methoden Lehrbücher aus der Zeit vor 20 bis 30 Jahren als weitgehend veraltet gelten müssen.

Hermann Flohn, Bad Kissingen
in „Zeitschrift für Naturforschung".

Aus

Sitzungsberichte der Heidelberger Akademie der Wissenschaften, Mathematisch-naturwissenschaftliche Klasse.

Jahrgang 1949.

12. Abhandlung: **Klimatologie und Vegetationsverhältnisse der Athos-Halbinsel und der ostägäischen Inseln Lemnos, Evstratios, Mytiline und Chios.** Von **W. Rauh.** Mit 30 Textabbildungen. 107 Seiten. 1949.

DMark 10.50

Chemie

Analyse der Fette und Fettprodukte. Herausgegeben von Professor Dr.-Ing.
H. P. Kaufmann-Münster i. Westf. In Vorbereitung.

Analyse der Metalle. Herausgegeben vom **Chemiker-Fachausschuß der Gesellschaft Deutscher Metallhütten- und Bergleute e. V.** Leiter Dr.-Ing.
O. Proske und stellv. Leiter Professor Dr. H. Blumenthal.

Erster Band: **Schiedsverfahren.** Zweite Auflage. Mit 25 Textabbildungen. VIII, 508 Seiten. 1949. DMark 36.—; Halbleinen DMark 38.40

Das vorliegende Werk entstand als Gemeinschaftsarbeit von etwa 60 Chemikern,
die im ,,Chemiker-Fachausschuß der Gesellschaft Deutscher Metallhütten- und Berg-
leute e. V." zusammengeschlossen sind und die als Fachleute auf dem Gebiete der
Analyse der in dem Buche angeführten mehr als 30 Metalle anzusehen sind. Die
Standardanalysen, die in dem Werke eingehend beschrieben sind, kann man als
Normen bezeichnen, soweit solche bei Analysenverfahren überhaupt möglich sind.
Als ,,*Schiedsverfahren*" werden grundsätzlich solche Arbeitsvorschriften für die
Analyse betrachtet, die ohne Rücksicht auf den damit verbundenen Zeitaufwand
besonders zuverlässige Ergebnisse gewährleisten.

Inhaltsverzeichnis: Einleitung: Begriffsbestimmung und allgemeine Richtlinien für Schiedsuntersuchungen. 1. Aluminium. 2. Antimon. 3. Arsen. 4. Beryllium.
5. Blei. 6. Bor. 7. Cadmium. 8. Cer und Thorium. 9. Chrom. 10. Edelmetalle.
11. Indium. 12. Kobalt. 13. Kupfer. 14. Magnesium. 15. Mangan. 16. Molybdän.
17. Nickel. 18. Quecksilber. 19. Selen und Tellur. 20. Silicium. 21. Tantal und
Niob. 22. Thallium. 23. Titan. 24. Uran. 25. Vanadium. 26. Wismut. 27. Wolfram.
28. Zink. 29. Zinn. 30. Zirkonium. Namen- und Sachverzeichnis.

Zweiter Band: **Betriebsverfahren.** In Vorbereitung

Anleitungen für die chemische Laboratoriumspraxis. Begründet von Professor
Dr. **E. Zintl** †. Herausgegeben von Professor Dr. **R. Brill.**

Erster Band: **Chemische Spektralanalyse.** Eine Anleitung zur Erlernung
und Ausführung von Spektralanalysen im chemischen Laboratorium.
Von Professor Dr. **W. Seith**-Buldern über Dülmen und Dr. **K. Ruthardt**-
Hanau. Vierte, verbesserte Auflage. Mit 106 Abbildungen im Text
und einer Tafel. VII, 173 Seiten. 1949. DMark 16.50

[Anleitungen für die chemische Laboratoriumspraxis.]

Inhaltsverzeichnis: Einleitung. *I. Allgemeine Grundlagen.* Lichtanregung. Spektralapparat. Zur Theorie der Spektrographie. Entstehung der Spektren. *II. Qualitative Analyse.* Aufgabe 1: Analyse in der Bunsenflamme. Aufgabe 2: Spektren der Gase. Aufgabe 3: Photographische Aufnahme eines Spektrums. Aufgabe 4: Aufnahmeverfahren und Anregungsarten. Aufgabe 5: Bestimmung der Wellenlänge und Aufstellung einer Dispersionskurve. Aufgabe 6: Spektren und Periodisches System. Aufgabe 7: Qualitative Analyse. Aufgabe 8: Das Arbeiten mit dem Projektor. Aufgabe 9: Koinzidenz und Reinheitsprüfung. *III. Quantitative Analyse.* Aufgabe 10: Übersichtsanalyse. Aufgabe 11: Abhängigkeit des Spektrums von den Entladungsbedingungen. Aufgabe 12: Quantitative Analyse nach der Methode der homologen Linienpaare. Aufgabe 13: Photometrieren eines Spektrums. Aufgabe 14: Die photographische Platte. Aufgabe 15: Analyse durch Schwärzungsvergleich. Aufgabe 16: Drei- und Zweilinienverfahren. Aufgabe 17: Analyse durch Intensitätsvergleich. Aufgabe 18: Der SEIDELsche Schwärzungswert und die Berücksichtigung des Untergrundes. Aufgabe 19: Das Rechenbrett. Aufgabe 20: Die serienmäßige Ausführung von Spektralanalysen. Aufgabe 21: Herstellung von Testlegierungen. Aufgabe 22: Quantitative Spektralanalyse mit dem visuellen Spektralphotometer. *IV. Verfahren für besondere Zwecke.* Aufgabe 23: Erhitzungsanalyse. Aufgabe 24: Analyse von Salzen und festen, nichtmetallischen Proben. Aufgabe 25: Lokalanalyse. Aufgabe 26: Zerstörungsfreie Materialprüfung. Analyse von Hartmetallwerkzeugen mit Hilfe von homologen Linienpaaren. Aufgabe 27: Der Niederspannungsfunke. Aufgabe 28: Analyse von Lösungen. Aufgabe 29: Der LUNDEGÅRDH-Brenner und die Kaliumanalyse nach SCHUHKNECHT-WAIBEL. Aufgabe 30: Absorptionsspektren. Aufgabe 31: Absorptionsspektren von Gasen. Verzeichnis einiger Bücher und Tabellen. Spezialausdrücke zur Spektralanalyse. Sachverzeichnis.

Zweiter Band: **Kolorimetrie und Spektralphotometrie.** Eine Anleitung zur Ausführung von Absorptions-, Fluoreszenz- und Trübungsmessungen an Lösungen. Von **Gustav Kortüm.** Zweite, verbesserte Auflage. Mit 97 Abbildungen im Text. VI, 236 Seiten. 1948. DMark 16.50

Inhaltsübersicht: *Allgemeine Grundlagen:* Einleitung und Begrenzung des Stoffes. Absolute und relative Messungen. Das LAMBERT-BEERsche Gesetz und sein Geltungsbereich. Meßtechnische Grundbegriffe. Allgemeine Fehlerquellen. Einteilung der Methoden nach ihrem Meßprinzip. *Visuelle Methoden:* Fehlerdiskussion. Subjektive Kolorimetrie. Subjektive Spektralphotometrie. Fluoreszenzmessungen (Fluorometrie). Streuungs- und Trübungsmessungen (Nephelometrie). *Lichtelektrische Methoden:* Photozellen und ihre für photometrische Messungen wichtigsten Eigenschaften. Fehlerdiskussion. Verschiedene Meßverfahren. Objektive Kolorimetrie. Objektive Spektralphotometrie. Lichtelektrische Titrationen. *Spektrographische Methoden:* Meßprinzip und Fehlerdiskussion. Verschiedene Meßverfahren. Einzelheiten zur Aufnahmetechnik. Auswertung der Platten. Allgemeine Gesichtspunkte bei der Aufnahme von Absorptionskurven und graphische Darstellung der Spektren. Fluoreszenzspektren. *Die Auswahl der Methode nach dem Zweck der Untersuchung (Anwendungsbeispiele):* Untersuchungen über die Konstitution des Nitrat-, Nitrit- und Pernitrit-Ions. Die Konstitutionsbestimmung des Vitamins A. Tautomeriegleichgewichte. Die Konstitution des Chinhydrons in wässeriger Lösung. Das Assoziationsgleichgewicht des Phenols in CCl_4-Lösung. Optische p_H-Messungen. Bestimmung der Dissoziationskonstanten von Indikatorsäuren und -basen. Fluoreszenz-

[Anleitungen für die chemische Laboratoriumspraxis.]
auslöschung. Die analytische Bestimmung des Eisens. Die Definition der Meßbedingungen bei hohen Genauigkeitsansprüchen. *Neuere zusammenfassende Darstellungen aus gleichen und verwandten Gebieten.* Sachverzeichnis.

Vierter Band: **Polarographisches Praktikum.** Von Professor **J. Heyrovský.**
Mit 90 Abbildungen im Text. VI, 118 Seiten. 1948.   DMark 8.40

Inhaltsübersicht: *Meßanordnungen:* Einleitung. Einfachste Anordnung. Anordnung mit dem Spiegelgalvanometer. Die Elektrolysengefäße. Entfernen des Luftsauerstoffs. Bestimmung der Depolarisationsspannung und der Halbstufenpotentiale. Bedeutung des Zusatzelektrolyts. Durchführen der polarometrischen Titrationen. Der Polarograph und Vorrichtungen. Polarographen mit Tintenschreiber. Schutz vor Quecksilbervergiftungen. Prüfung der Apparatur. Die Ursachen von Störungen des Kurvenverlaufs. *Polarographische Bestimmungen:* Die Lösung mit Luftsauerstoff wird offen im Becher untersucht. Luftsauerstoff wird in offenem Becher durch CO_2 entfernt. Die Lösung befindet sich in offenem Becher mit Zusatz von Na_2SO_3. Die Lösung wird nach Durchleiten von Stickstoff oder Wasserstoff unter Luftabschluß untersucht. Mikroanalytische Untersuchungen. Unterdrücken der Maxima. Analyse einer Lösung von unbekannter Zusammensetzung. Oszillographische Potential-Zeit-Kurven. Tabellen der wichtigsten Depolarisationspotentiale. Verzeichnis der für das Praktikum erforderlichen Reagenzien und der sonstigen Laboratoriumsgeräte. Literaturangaben. Sachverzeichnis.

Beilsteins Handbuch der organischen Chemie. Vierte Auflage. Herausgegeben und bearbeitet von **Friedrich Richter.**

Die organisch-chemische Forschung in Wissenschaft und Industrie hatte in den letzten Jahrzehnten einen beispiellosen Aufschwung zu verzeichnen. Bereits geht die Zahl bekannter Verbindungen hoch in die Hunderttausende, und sie ist noch ständig im Wachsen begriffen; sie alle, ihre Eigenschaften und ihre chemischen Umsetzungen zu überblicken, ist für den Einzelnen längst unmöglich geworden. Wenn dennoch die Forschung ungehemmt weiterschreitet, so ist dies lediglich dem Vorhandensein eines ebenbürtigen Sammelwerks zu verdanken: BEILSTEINs Handbuch der organischen Chemie. — Akademien, gelehrte Körperschaften und industrielle Forschungslaboratorien in der ganzen Welt bekunden einmütig die Unentbehrlichkeit dieses Handbuchs für den Fortschritt aller Forschungen und Erfindungen. — Das einzigartige Sammelwerk wurde von K. F. BEILSTEIN 1881 begründet und von ihm allein bis zum Abschluß der 3. Auflage (1896) fortgeführt. Die Vorbereitung der 4. Auflage überstieg die Kräfte eines Einzelnen und wurde daher der Obhut der Deutschen Chemischen Gesellschaft und der von ihr begründeten „BEILSTEIN-Redaktion" anvertraut. Aber erst nachdem ein neuer Verlag von der Leistungsfähigkeit und Tradition des Springer-Verlags gewonnen werden konnte, war die Weiterführung des Werks gesichert; 1918 erschien der erste Band des Hauptwerks der 4. Auflage, 20 Jahre später war das Hauptwerk (umfassend die Literatur bis 1. 1. 1910) und das I. Ergänzungswerk (umfassend die Literatur bis 1. 1. 1920) im wesentlichen abgeschlossen. Nach kurzer Unterbrechung durch die Folgen des zweiten Weltkrieges erscheinen jetzt in beschleunigtem Tempo die Bände des II. Ergänzungswerks. — Die einzigartige, von keinem anderen Werk erreichte Stellung dieses Handbuchs gründet sich auf seine Zielsetzung: *1. Vollständigkeit der Berichterstattung.* BEILSTEINs Handbuch ist das einzige vollständige Repertorium *aller* organischen Verbindungen, seien diese in wissenschaftlichen Abhandlungen oder in

[Beilsteins Handbuch der organischen Chemie.]

der Patentliteratur beschrieben. Es gestattet daher zusammen mit den alphabetischen Verzeichnissen und Formelregistern ein abschließendes Urteil darüber, ob eine Verbindung zu einer bestimmten Zeit bekannt war. Vollständigkeit wird auch geboten in bezug auf die chemischen Umsetzungen, die stets mindestens an einer Stelle des Handbuchs registriert sind. Unter den Grenzgebieten, die herkömmlicherweise eine eingehendere Behandlung finden, seien die Ergebnisse der physikalischen und physiologischen Chemie besonders hervorgehoben. — Die Grundlage der Bearbeitung bilden alle wissenschaftlichen und technischen Zeitschriften der Welt, soweit sie organisch-chemisches Material enthalten und von genügendem Interesse sind. — *2. Übersichtlichkeit und Eindeutigkeit der Anordnung.* Die Anordnung folgt einem System, das sich in erster Linie auf die chemische Funktion und somit auf das chemische Verhalten gründet. Es ist das einzige umfassende System organischer Verbindungen, das allgemein anerkannt, in jahrzehntelanger Anwendung bewährt und in seinen Grundzügen überaus leicht zu erlernen ist. Es ermöglicht daher eine Orientierung auch ohne Register sowie die einwandfreie Ordnung selbstgesammelten Materials. — *3. Objektive und kritische Darstellung.* Eine kritische Darstellung in den natürlichen Grenzen, die durch die Forderung strenger Objektivität gezogen sind, ist bei einem Sammelwerk, das die Darstellung größerer Zeiträume zum Gegenstand hat, unerläßlich und steigert durch die Bezugnahme auf die Ergebnisse neuerer Forschung den Wert des Gebotenen. Fortlaufende Auswertung aller neu erscheinenden Literatur ermöglicht es der Redaktion, konstitutionell wichtige Angaben unabhängig vom Literaturschlußtermin jeweils gemäß dem beim Erscheinen des betreffenden Bandes erreichten Stand der Wissenschaft zu machen. — BEILSTEIN-Redaktion und Springer-Verlag sind vereint bemüht, auch unter schwierigen äußeren Verhältnissen das jetzt laufende II. Ergänzungswerk in wenigen Jahren zu Ende zu führen. Daß es allein im Jahr 1949 gelungen ist, vier Bände fertigzustellen, darf als ermutigendes Zeichen für das Gelingen angesehen werden. Anschließend soll die Literatur ab 1. 1. 1930 in einem III. Ergänzungswerk zusammengefaßt werden, für welches Redaktion und Verlag seit Jahren intensive Vorarbeiten geleistet haben. Dadurch wird die Berichterstattung so dicht an den dann erreichten Stand der Wissenschaft herangeführt werden, wie dies technisch möglich ist.

Zweites Ergänzungswerk, die Literatur von 1920—1929 umfassend. Herausgegeben und bearbeitet von **Friedrich Richter.**

Seit 1945 erschienen:

Sechster Band: **Isocyclische Oxy-Verbindungen.** Als Ergänzung des sechsten Bandes des Hauptwerkes. Revidierte Ausgabe. XXXVI, 1245 Seiten. 1944.   DMark 260.—

Siebenter Band: **Isocyclische Monooxo- und Polyoxo-Verbindungen.** Als Ergänzung des siebenten Bandes des Hauptwerkes. XXXII, 943 Seiten. 1948.   DMark 196.—

Achter Band: **Isocyclische Oxy-Oxo-Verbindungen.** Als Ergänzung des achten Bandes des Hauptwerkes. XXXI, 657 Seiten. 1948.
DMark 141.—

[Beilsteins Handbuch der organischen Chemie.]

Neunter Band: **Isocyclische Monocarbonsäuren und Polycarbonsäuren.** Als Ergänzung des neunten Bandes des Hauptwerkes. XXXII, 890 Seiten. 1949.   In Moleskin gebunden DMark 214.—

Zehnter Band: **Isocyclische Oxy-Carbonsäuren und Oxo-Carbonsäuren.** Als Ergänzung des zehnten Bandes des Hauptwerkes. XXXII, 951 Seiten. 1949.   In Moleskin gebunden DMark 248.—

Elfter Band: **Isocyclische Reihe, Mono- und Polysulfinsäuren, Oxy- und Oxo-Sulfinsäuren, Sulfinsäuren der Carbonsäuren, Mono- und Polysulfonsäuren, Oxy- und Oxo-Sulfonsäuren, Sulfonsäuren der Carbonsäuren und der Sulfinsäuren. Selenin- und Selenonsäuren.** Als Ergänzung des elften Bandes des Hauptwerkes. XXXI, 286 Seiten. 1950.
     In Moleskin gebunden DMark 98.—

Zwölfter Band: **Isocyclische Reihe. Monoamine.** Als Ergänzung des zwölften Bandes des Hauptwerkes. XXXII, 976 Seiten. 1950.
     In Moleskin gebunden DMark 278.—

Dreizehnter Band: **Isocyclische Reihe. Polyamine. Oxy-Amine.** XXXI, 668 Seiten. 1951.   In Moleskin gebunden DMark 198.—

1951 erscheinen vierzehnter, fünfzehnter und sechzehnter Band.

Über die älteren noch in Rohvorräten erhalten gebliebenen Bände des „Beilstein" gibt ein ausführlicher Prospekt Auskunft.

Bode, Professor Dr. Hans, und Professor Dr. Hans **Ludwig, Chemisches Praktikum für Mediziner.** Achte Auflage. Mit 3 Abbildungen. IX, 134 Seiten. 1948.   DMark 6.60

Inhaltsübersicht: Praktische Vorbemerkungen. *Anorganischer Abschnitt:* Elektrolyte. Säuren. Basen. Salze. Zur elektrolytischen Dissoziation. Lösungen und Umsetzungen in Lösungen. Die hydrolytische Spaltung der Salze. Doppelsalze und Komplexsalze. Elektroaffinität. Oxydation und Reduktion. Kolloide Lösungen. Die Reaktionen einiger Metalle. Qualitative Analyse. Quantitative Analyse. *Organischer Abschnitt:* Qualitative Analyse organischer Substanzen. Kohlenwasserstoffe. Alkylhalogenide. Hydroxylverbindungen der Kohlenwasserstoffe. Amine. Aldehyde und Ketone (Carbonylverbindungen). Carbonsäuren. Derivate der Carbonsäuren. Heterocyclische Verbindungen. Purine. Fette. Kohlenhydrate. Eiweißstoffe. Alkaloide. *Periodisches System der Elemente.*

Aus den Besprechungen: Die Verfasser brauchen nur auf dem eingeschlagenen Wege weiterzugehen, um den Bedürfnissen der elementaren Ausbildung in hervorragender Weise zu entsprechen. Schon in der jetzt vorliegenden Form hat sich der Leitfaden im praktischen Gebrauch gut bewährt.

„Berichte über die gesamte Biologie
Abt. A: Berichte über die wissenschaftliche Biologie."

Bodendorf, Dr. K., Professor an der Technischen Hochschule Karlsruhe, **Kurzes Lehrbuch der Pharmazeutischen Chemie.** Auch zum Gebrauch für Mediziner. Zweite und dritte, verbesserte Auflage. VII, 459 Seiten. 1949.   DMark 26.—; Halbleinen DMark 28.50

Aus dem Vorwort zur zweiten und dritten Auflage: Obwohl das Buch bereits in den letzten Kriegsjahren vergriffen war, hat sich die Neuauflage infolge besonderer Ungunst der Verhältnisse erst jetzt ermöglichen lassen. Der lange Zeitraum hat eine eingehende Überarbeitung und zahlreiche Ergänzungen notwendig gemacht. Dabei bin ich auch bemüht gewesen, Wünschen um stärkere Betonung spezieller pharmazeutischer Details zu entsprechen. Ich habe mich aber auch bei dieser Auflage nicht dazu entschließen können, das Buch durch solche Einzelheiten zu belasten, die im Arzneibuch und in den gebräuchlichen Kommentaren enthalten sind. Denn es ist mir ein besonderes Anliegen, auf allgemeinen Grundlagen aufbauend, Verständnis und Überblick zu vermitteln, die es gestatten, selbständig zu urteilen und zu handeln.

Inhaltsübersicht: *Allgemeine Einführung. Spezieller Teil.* Anorganischer Teil: Wasserstoff, Hydrogenium. Sauerstoff, Oxygenium. Oxydation und Reduktion. Allgemeine Eigenschaften von Gasen. Wasser. Der Lösungszustand. Die elektrolytische Dissoziation. Ionenreaktionen. Wasserstoffperoxyd, Hydrogenium peroxydatum. Ozon. Schwefel, Selen, Tellur. Schwefel, Sulfur. Das Massenwirkungsgesetz. Schwefelchloride. Sauerstoffverbindungen des Schwefels. Schwefligsäure- und Schwefelsäurechlorid. Selen. Tellur. Die Halogene. Die Elemente der V. Gruppe des periodischen Systems: Stickstoff, Phosphor, Arsen, Antimon, Wismut. Die Elemente der IV. Gruppe des periodischen Systems: Kohlenstoff, Silicium, Germanium, Zinn, Blei. Die Elemente der III. Gruppe des periodischen Systems: Bor, Aluminium, Gallium, Indium, Thallium. Die Elemente der II. Gruppe des periodischen Systems: Beryllium, Magnesium, Calcium, Strontium, Barium, Radium. Die Elemente der I. Gruppe des periodischen Systems: Lithium, Natrium, Kalium, Rubidium, Caesium. Die Elemente der I. Untergruppe des periodischen Systems: Kupfer, Silber, Gold. Die Elemente der II. Untergruppe des periodischen Systems: Zink, Cadmium, Quecksilber. Die Elemente der III. Untergruppe des periodischen Systems: Die Seltenen Erden. Die Elemente der IV. Untergruppe des periodischen Systems: Titan, Zirkonium, Hafnium, Thorium. Die Elemente der V. Untergruppe des periodischen Systems: Vanadin, Niob, Tantal, Protaktinium. Die Elemente der VI. Untergruppe des periodischen Systems: Chrom, Molybdän, Wolfram, Uran. Die Elemente der VII. Untergruppe des periodischen Systems: Mangan, Rhenium. Die Elemente der VIII. Untergruppe des periodischen Systems: Eisen, Kobalt, Nickel; Ruthenium, Rhodium, Palladium; Osmium, Iridium, Platin. Die Edelgase: Helium, Neon, Argon, Krypton, Xenon, Radon (Radiumemanation). — Organischer Teil: *Zusammensetzung und Aufbau organischer Verbindungen. Aliphatische Verbindungen:* Kohlenwasserstoffe. Halogenderivate der Kohlenwasserstoffe. Alkohole. Äther. Alkyl-Schwefelverbindungen. Nitro- und Aminoverbindungen. Phosphor, Arsen- und Antimonverbindungen. Aldehyde und Ketone. Carbonsäuren und funktionelle Derivate. Säureanhydride. Ester. Substituierte Carbonsäuren. Eiweißstoffe. Kohlenhydrate. *Carbocyclische Verbindungen:* Alicyclische Verbindungen. Aromatische Verbindungen. Heterocyclische Verbindungen. Vitamine, Fermente, Hormone. Antibiotica. Sachverzeichnis.

Chemie, Anorganische und allgemeine, in Einzeldarstellungen. Herausgegeben von **G. Jander** und **W. Klemm.**

Mit der Herausgabe dieser Sammlung wird einem offensichtlichen Bedarf entsprochen. Die anorganische Chemie, noch vor wenigen Jahrzehnten ganz im Schatten der organisch-chemischen Forschung stehend, hat an Bedeutung in Wissenschaft und Technik gewaltig zugenommen; der Übernahme moderner physikalischer Methoden vor allem ist es zu danken, daß sie heute Fragestellungen mit großem Erfolg in Angriff nimmt, die der rein chemischen Bearbeitung trotzten. Hieraus ergibt sich das Ziel, Sondergebiete der anorganischen Chemie, in denen sich die Fronten des wissenschaftlichen Fortschreitens besonders deutlich abzeichnen, monographisch darzustellen. Es ist nur natürlich, daß dabei Fragen der allgemeinen Chemie, soweit sie mit den behandelten Gebieten in Zusammenhang stehen, miteinbezogen werden. Dem ersten Band über die Chemie in wasserähnlichen Lösungsmitteln werden in den nächsten Jahren zahlreiche weitere Bände folgen, in welchen jeweils Autoren zu Wort kommen, die auf den betreffenden Gebieten bahnbrechend gearbeitet haben.

Erster Band: **Die Chemie in wasserähnlichen Lösungsmitteln.** Die Grundlagen des chemischen und physikalisch-chemischen Verhaltens der Stoffe in einigen nichtwäßrigen, aber wasserähnlichen Solventien. Von Dr. **Gerhart Jander,** o. Professor für Chemie an der Universität zu Greifswald. Mit 78 Abbildungen. X, 367 Seiten. 1949. DMark 36.—

Aus dem Vorwort: Die zunehmende Bedeutung der physikalischen Untersuchungsmethoden für naturwissenschaftliche Forschungen hat es mit sich gebracht, daß der gasförmige Zustand der Materie fast ausschließlich ein Arbeitsfeld der Physiker geworden ist. Andererseits sind die Forschungen über den festen Zustand der Stoffe mehr und mehr den Krystallchemikern, Krystallographen und Mineralogen zugefallen. Man hat daher gelegentlich von einer Tragik der anorganischen Chemie gesprochen, denn ihr sei als wissenschaftliches Arbeitsgebiet eigentlich nur noch der flüssige und gelöste Zustand der Materie geblieben. Über die Berechtigung und die Bedeutung dieser Ansicht läßt sich zweifellos diskutieren. Aber selbst wenn man diese Anschauung gelten lassen wollte, so ist für den modernen Anorganiker eine fast unerschöpfliche Fülle von interessanten Themen und verschiedenartigen Problemen allein in der Chemie der Flüssigkeiten und der Lösungen vorhanden. Man muß sie nur sehen. Beiträge hierzu möchten, so hofft der Verfasser, die in dem vorliegenden Buch besprochenen Untersuchungen sein.

Inhaltsübersicht: 1. Einführung und Allgemeines über das Wasser als Lösungsmittel. 2. Die Chemie in wasserfreiem Fluorwasserstoff. 3. Die Chemie in wasserfreiem, verflüssigtem Ammoniak. 4. Die Chemie in wasserfreiem, verflüssigtem Schwefelwasserstoff. 5. Die Chemie in wasserfreier Blausäure. 6. Die Chemie in wasserfreier Salpetersäure. 7. Die Chemie in flüssigem Jod. 8. Die Chemie in verflüssigtem Schwefeldioxyd. 9. Die Chemie in essigsäurefreiem Essigsäureanhydrid. 10. Die Bedeutung der Untersuchungen über die Chemie in nichtwäßrigen, aber „wasserähnlichen" Lösungsmitteln für die theoretische und allgemeine Chemie sowie für die präparative chemische Praxis. Sachverzeichnis.

[Chemie, Anorganische und allgemeine, in Einzeldarstellungen.]
In Vorbereitung:

Reaktionen im festen Zustand. Von Professor Dr. **K. Hauffe**-Greifswald.

Halogenide und Chalkogenide. Von Dozent Dr. **P. Ehrlich**-Hannover.

Graphit. Von Professor Dr. **U. Hofmann,** Regensburg.

Binäre Metallverbindungen mit den Elementen der 5. Gruppe. Von Professor Dr. **R. Juza**-Heidelberg.

Intermetallische Verbindungen. Von Professor Dr. **H. Nowotny**-Wien.

Chemie, Organische, in Einzeldarstellungen. Herausgegeben von **Hellmut Bredereck** und **Eugen Müller.**

Erster Band: **Neuere Anschauungen der organischen Chemie.** Von Professor Dr. **E. Müller**-Eichtersheim. Zweite Auflage.
In Vorbereitung.

Zweiter Band: **Aromatische Kohlenwasserstoffe.** Von Dr.-Ing. **E. Clar**-Glasgow (England). Zweite Auflage. In Vorbereitung.

Dritter Band: **Chemie der Phenolharze.** Von Dr. **K. Hultzsch,** Chemische Werke Albert, Wiesbaden-Biebrich. VI, 193 Seiten. 1950.
DMark 19.60; Ganzleinen DMark 22.60

Die Phenolharze spielen schon seit Jahrzehnten eine große Rolle als Kunststoffe in der Praxis. K. Hultzsch, Leiter des Forschungslaboratoriums der Chemischen Werke Albert, die auf diesem Gebiet besondere Pionierarbeit geleistet haben, steht in der vordersten Linie derjenigen Forscher, die in den letzten Jahren auch die theoretischen Grundlagen dieses Gebietes erarbeitet und zu einem gewissen Abschluß gebracht haben. Die vorliegende Monographie bietet eine eingehende Darstellung und Deutung der zahlreichen experimentellen Befunde, auf welchen die modernen Anschauungen über die Grundreaktionen in der Phenolharzchemie und den Aufbau der wichtigsten Vertreter dieser Kunststoffklasse beruhen. Obwohl die theoretischen Grundlagen im Vordergrund der Betrachtung stehen, richtet sich diese Monographie nicht nur an den Chemiker, der an den wissenschaftlichen Fortschritten auf dem Gebiete der Hochpolymeren interessiert ist, sondern durchaus auch an den Praktiker der kunststofferzeugenden und der kunststoffverarbeitenden Industrie, da der Verfasser besonderen Wert darauf gelegt hat, Herstellung und Aufbau sowie Anwendung und Verarbeitung der verschiedenen Phenolharzarten mit dem Chemismus ihrer Bildungsreaktionen in eine Beziehung zu bringen.

Inhaltsübersicht: Einleitung. Historischer Rückblick auf die Entwicklung der Phenolharzchemie. *Theoretische Grundlagen der Phenolharzchemie:* Phenole. Phenolalkohole. Dioxydibenzyläther und Oxybenzylalkyläther. Dioxydiphenylmethan-Verbindungen. Chinonmethide. Oxybenzylamin-Verbindungen. Brückenbindungen, Substituenten und Endgruppen als Bausteine der Phenolharze. *Entstehen und Aufbau von Phenolharzen: Einteilung der Phenolharze. Bildung der Phenolharze.* Nichthärtende Phenolharze (Novolake). Härtbare Phenolharze. Die Härtung von Phenolharzen. *Verarbeitung und Aufbau von Phenolharzen.* Allgemeines über den Aufbau von Phenolharzen. Anwendung, Verarbeitung und Aufbau

[Chemie, Organische, in Einzeldarstellungen.]

technisch wichtiger Phenolharze. Reaktionen zwischen Resolen und ungesättigten Naturstoffen. *Anhang. Beitrag zur Phenolharzanalyse:* Bestimmung von nicht-gebundenem Phenol und unbesetzten Reaktionsstellen in Phenolkernen, von un-gebundenem Formaldehyd, der Hydroxylgruppen, anderer Gruppen und Brücken-bindungen, der Reaktivität härtbarer Harze. Zur Wasserbestimmung in Resolen. Physikalische Methoden in der Phenolharzanalyse. Literaturnachweis. Namen- und Sachverzeichnis.

Vierter Band: **Chemie der Beta-Dicarbonyl-Verbindungen.** Von Dr. phil. nat. **H. Henecka**-Wuppertal-Elberfeld. VI, 409 Seiten. 1950.
DMark 49.60; Ganzleinen DMark 52.60

Dieses Werk des bedeutenden Elberfelder Organikers bietet mehr, als der etwas speziell klingende Titel vermuten läßt. An Hand einer besonders wichtigen Körper-klasse, deren einzelne Vertreter in fast allen Bereichen der organischen Chemie zu suchen sind, werden wichtige allgemeine Fragen der organischen Chemie erörtert, und die vielfältigen Reaktionsweisen der β-Dicarbonylverbindungen unter Anwen-dung der modernen elektronentheoretischen Auffassungen gedeutet. So geht das Buch von der in der älteren organischen Chemie üblichen *beschreibenden* Darstellung über zu einer *erklärenden*, und das Ergebnis ist ein überzeugendes Beispiel für die Fruchtbarkeit der zuerst von F. Arndt und B. Eistert begründeten Mesomerie-lehre. Besonders die Studierenden werden ein Werk begrüßen, in dem organische Chemie vom *modernen Standpunkt* vorgetragen wird, aber auch der fertige Chemiker und Forscher wird aus seiner Lektüre vielfältige Belehrung und Anregung auch zu praktischem Weiterarbeiten gewinnen.

Inhaltsübersicht: Konstitution. Keto-Enol-Desmotropie. Alkylierung und Acylierung. Halogenierung. Synthese der β-Dicarbonylverbindungen. Die Eisen-chlorid-Reaktion. Acetessigester- und Malonestersynthesen. Reaktionen des Carbo-nyls. Reaktionen des Methylens. Michaelsche Addition. Selbstkondensationen. Cyclisierende Kondensation. Sachverzeichnis.

Chemie, Physiologische. Ein Lehr- und Handbuch für Mediziner, Bio-logen und Chemiker. Hervorgegangen aus dem Lehrbuch der physio-logischen Chemie von Olof Hammarsten. In zwei Bänden.

Erster Band: **Die Stoffe.** Herausgegeben von Professor Dr. **B. Flaschen-träger**-Alexandria, unter Mitwirkung von Professor Dr. **E. Lehnartz**-Münster i. Westf. Mit etwa 90 Abbildungen. Etwa 1420 Seiten.
Unter der Presse.
Erscheint etwa im Frühjahr 1951.

Inhaltsverzeichnis: *A. Einleitung.* Von F. Knoop †. *B. Physikalisch-chemische Grundlagen biologischer Vorgänge.* Von W. Kuhn. I. Allgemeines über Atom- und Molekülbau sowie Radioaktivität und Röntgenstrahlen. II. Äußere Elektronenhülle in Atomen und Molekülen. III. Chemische Thermodynamik, chemisches Gleichgewicht. IV. Elektrische Potentiale, Elektrolyte. V. Grenz-flächen der Zelle und ihre Eigenschaften. Va. Durchlässigkeit von Membranen und Membrangleichgewichte. Vb. Oberflächenspannung. VI. Kolloidaler Zustand. VII. Die Zelle als physikalisch-chemisches System. *C. Die anorganischen und organischen Bau-, Betriebs- und Schlackenstoffe.* Einteilung der Stoffe. Zusammen-setzung des Menschen. Von B. Flaschenträger. I. Wasser. Von F. Holtz. II. Mineralstoffe. Von F. Holtz und B. Flaschenträger. III. Kohlenhydrate. 1. Zucker und Verwandte. Von P. Brigl † und Th. Ploetz. 2. Polysaccharide. Von

Chemie und Technologie der Kunststoffe in Einzeldarstellungen. Herausgegeben von Professor Dr.-Ing. **R. Nitsche**-Berlin-Dahlem.

Cornely, Dipl.-Ing. Berthold, **Das Färben von Papier.** Ein Handbuch für den Papierfärber. Mit 17 Abbildungen und 16 Farbtafeln. VII, 243 Seiten. 1951.   Ganzleinen DMark 30.—

Inhaltsverzeichnis: *Geschichtliche Entwicklung des Färbens. Die Farblehre und die Färbetheorien.* Grundsätzliches über die Begriffe Farbe und Farbstoff. Geschichtliche Entwicklung und Grundzüge der bekanntesten Farbsysteme. Die OSTWALDsche Farbenlehre. Die Harmonie der Farben. Welchen Nutzen bringen die Farbsysteme mit ihren physikalisch-optischen Erkenntnissen für den Papierfärber? Die Färbetheorien. — *Die färberischen Grundlagen.* Die in der Papierindustrie gebräuchlichsten Farbstoffgruppen. A. Basische Farbstoffe (Janusfarbstoffe). B. Saure Farbstoffe (Resorcin-Alizarinfarbstoffe). C. Substantive Farbstoffe. D. Schwefelfarbstoffe. E. Organische Pigmente. F. Anorganische Pigmente (Erdfarbstoffe, Mineralfarbstoffe). — *Die Papierrohstoffe und ihr Verhalten zu den einzelnen Farbstoffgruppen.* A. Holzschliff. B. Ungebleichte Zellstoffe. C. Gebleichte Zellstoffe und gebleichte Hadernstoffe. D. Altpapier. — *Die Behandlung der Farbstoffe.* Das Lagern. Der Wägeraum und die Farbküche. Lösen und Zuteilen. — *Die Möglichkeiten des Färbens von Papier.* Das Färben in der Masse, im Tauchverfahren, im Druck-, Streich- und Bürstenverfahren. Einseitiges Färbeverfahren und Kalanderfärbungen. Die Herstellung farbiger, gemusterter Papiere auf der Papiermaschine (Effekt-

[Cornely, Das Färben von Papier.]

papiere). A. Im Holländer, in der Bütte, im Sandfang oder Syphon. B. Auf der Siebpartie bis zur Gautsche. C. Innerhalb der Pressenpartie. D. Innerhalb der Trockenpartie. — *Echtheitsanforderungen an die Papierfärbungen und die wichtigsten Echtheitseigenschaften der einzelnen Farbstoffgruppen.* Echtheitsprüfung. Die Echtheiten der verschiedenen Farbstoffgruppen und Einzelfarbstoffe. Farbstoffuntersuchungen. — *Die Praxis des Papierfärbens.* Herstellung häufig vorkommender Farbtöne durch Massefärbung. Anhaltspunkte für das Färben der wichtigsten Papiersorten. A. Hüllpapiere. B. Technische Papiere. C. Holzfreie und holzhaltige Druckpapiere. D. Feinpapiere (Dokumenten-, Schreib- und Ausstattungspapiere usw.). E. Saugfähige Papiere. F. Umschlagkartons (und -papiere), Register-, Foto- und Chromoersatzkartons u. dgl. — *Besondere färberische Probleme der Praxis.* 1. Das Ausmustern und Nachfärben. 2. Das Drücken. 3. Das Weißfärben. 4. Das Schwarzfärben. 5. Das Färben von Melierfasern. 6. Die Herstellung von Sicherheitspapieren. 7. Die p_H-Kontrolle in der Papierfärberei. 8. Beziehungen zwischen Aufschlußgrad, Mahlungsgrad und Anfärbevermögen. 9. Beziehungen zwischen den Farbstoffen und Füllstoffen. 10. Die farbige Zweiseitigkeit und die Möglichkeit ihrer Bekämpfung. 11. Das Auftreten von Melierungen und deren Bekämpfung. 12. Die farbigen Abwässer in der Papierindustrie. — Literatur. Sachverzeichnis. I. Alphabetisches Verzeichnis der Papierrohstoffe und der Papiersorten. II. Alphabetisches Verzeichnis der Farbstoffgruppen, der Einzelfarbstoffe und der Färbereihilfsmittel.

Eichler, Professor Dr. Oskar, Direktor des Pharmakologischen Instituts der ehem. Universität Breslau, z. Zt. Heidelberg, **Die Pharmakologie anorganischer Anionen.** Die Hofmeistersche Reihe. (Handbuch der experimentellen Pharmakologie. Begründet von A. Heffter. Ergänzungswerk. Herausgegeben von W. Heubner, Professor der Pharmakologie an der Universität Berlin, und J. Schüller, Professor der Pharmakologie an der Universität Köln. Zehnter Band.) Mit 94 Abbildungen. XX, 1206 Seiten. 1950. DMark 186.—

Inhaltsübersicht: Vorkommen. Chemie. Komplexverbindungen. Physikalische Chemie. Katalyse, Fermente und Fermentsysteme. Wirkung bei Einzellern. Beeinflussung von Pflanzen und pflanzlichen Geweben. Vergiftungsverlauf und Dosierungen. Aufnahme der Anionen in den Organismus. Ausscheidung. Beeinflussung spezieller Organe und Organsysteme durch Anionen. Mangelhafte und übermäßige Anwesenheit von Chlorid in Nahrung und Organismus. Mangel und Überschuß an Phosphat. Chronische Vergiftung mit Fluoriden. Gegengiftwirkungen. Abschluß. Autoren- und Sachverzeichnis.

[B] **Fischler,** Professor Dr. med. et phil. Franz, Deutsche Forschungsanstalt für Lebensmittelchemie München, **Anleitung zur Harnuntersuchung.** Zweite, verbesserte Auflage. Mit 30 Abbildungen. VIII, 105 Seiten. 1948.
DMark 4.80

[B] **Goubeau,** Professor Dr. J., Göttingen, **Lehrbuch der analytischen Chemie.**
1. Teil: Qualitative Analyse. In Vorbereitung.
2. Teil: Quantitative Analyse. In Vorbereitung.

Grassmann, Professor Dr. W., Regensburg, unter Mitarbeit von Dipl. Ing. **J. Trupke,** München, **Grundlagen der Eiweißforschung.** In Vorbereitung.

Grün †, Dr. Richard, ehem. Professor an der Technischen Hochschule Aachen, ehem. Direktor des Forschungsinstituts der Hüttenzement-industrie Düsseldorf, **Chemie für Bauingenieure und Architekten.** Das Wichtigste auf dem Gebiet der Baustoff-Chemie in gemeinverständlicher Darstellung. Vierte, umgearbeitete Auflage. Mit 65 Abbildungen. VIII, 212 Seiten. 1949.   DMark 16.50

Inhaltsübersicht: *A. Anorganische Baustoffe:* I. Die Natursteine. II. Die Bindemittel. III. Kunststeine. IV. Ziegel- und Tonwaren. V. Eisen und Stahl. VI. Leichtmetalle. *B. Organische Baustoffe:* I. Holz. II. Asphalt. Bitumen, Teer, Pech. III. Kunstharze, Kunststoffe, Kunstharzpreßmassen. IV. Dachpappe. V. Klebemittel. VI. Kitte. VII. Anstrichfarben und Schutzanstriche. Schluß. Über die Bezeichnung und Namengebung chemischer Verbindungen. Verzeichnis der wichtigsten Fachzeitschriften und ihrer Abkürzungen. Namen- und Sachverzeichnis.

Handbuch der analytischen Chemie. Herausgegeben von Dr. **W. Fresenius**-Wiesbaden, und Professor Dr. **G. Jander**-Greifswald.

Die analytische Chemie ist die Grundwissenschaft für jedes chemische Laboratorium. Vom ersten Tag der Ausbildung an steht der Chemiker, einerlei ob in der Forschung oder in der Technik tätig, ständig vor analytischen Fragen. Angesichts der immer weiter anschwellenden Spezialliteratur, die sich über viele Jahrzehnte und auf oft nur schwer zugängliche Quellen verteilt, ist das Fehlen eines Handbuches, das die Erkenntnisse auf analytischem Gebiet bis zur Gegenwart kritisch zusammenfaßt, als immer fühlbarer werdender Mangel empfunden worden. — Die Herausgeber des im Erscheinen begriffenen „Handbuchs der analytischen Chemie", das aus der Tradition des bekannten Laboratoriums FRESENIUS' erwachsen ist, haben sich daher zur Aufgabe gesetzt, das Bleibende und Wichtige der analytischen Chemie geschlossen darzustellen. Zur Bearbeitung der einzelnen Abschnitte versicherten sie sich der Mitwirkung zahlreicher führender Fachgelehrter, von denen jeder auf seinem bearbeiteten Gebiet über besondere eigene Erfahrungen verfügt. Gemeinsamer Grundsatz für die Bearbeitung sämtlicher Abschnitte ist die Berücksichtigung der gesamten einschlägigen Fachliteratur der Welt sowie die kritische Sichtung des vorhandenen Materials. Jeder Benutzer des Handbuchs hat danach die Gewähr, die jeweils bis zum Erscheinungstermin bekannten Methoden derart dargestellt zu finden, daß ohne Rückgriff auf die Originalliteratur danach gearbeitet werden kann, zusammen mit zuverlässigen Angaben über die Leistungsfähigkeit der Methoden. Des weiteren wurde zum Grundsatz erhoben, nicht nur die eigentlich chemischen, sondern auch die immer wichtiger werdenden physikalisch-chemischen (spektrographischen, polarographischen usw.) Arbeitsmethoden in das Handbuch aufzunehmen. — Die Gesamtplanung des Handbuchs umfaßte ursprünglich mehrere Teile, von welchen mit Rücksicht auf andere inzwischen veröffentlichte Werke vorläufig nur zwei erscheinen werden.

Zweiter Teil: **Qualitative Analyse.** (Nachweis und Trennung der Elemente und ihrer einfachen Verbindungen.) In 8 Bänden bzw. etwa 12 Bandteilen.

Dritter Teil: **Quantitative Analyse.** (Quantitative Bestimmungs- und Trennungsmethoden.) In 8 Bänden bzw. etwa 20 Bandteilen.

[Handbuch der analytischen Chemie.]
Der Gliederung beider Teile liegt das periodische System der Elemente
zugrunde.
Über die bereits vorliegenden und die zunächst geplanten Bandteile unter-
richtet die nachstehende Zusammenstellung. Herausgeber und Verlag
hoffen, das Gesamtwerk etwa im Jahr 1955 abschließen zu können.
Jeder Band bzw. Bandteil ist auch einzeln käuflich.

Es liegen folgende Bände vor:

Zweiter Teil: **Qualitative Nachweisverfahren.**

Band Ia: **Elemente der ersten Hauptgruppe** (einschließlich Ammonium).
Wasserstoff. Lithium. Natrium. Kalium. Ammonium. Rubidium.
Caesium. Bearbeitet von **H. Schilling**-Greifswald, **H. Spandau**-Greifs-
wald, **O. Tomiček**-Prag. Mit 80 Abbildungen. XII, 222 Seiten. 1944.
DMark 30.—; gebunden DMark 33.—

Band III: **Elemente der dritten Gruppe.** Bor. Aluminium. Gallium.
Indium. Thallium. Scandium. Yttrium. Elemente der seltenen Erden
(Lanthan bis Cassiopeium). Actinium. Bearbeitet von **H. Hecht**-Greifs-
wald, **G. Jantsch**-Graz, **Fr. Weibke** †-Stuttgart. Mit 13 Abbildungen und
1 Tafel. XII, 196 Seiten. 1944.   DMark 27.—

Band IVb/Va/Vb. **Elemente der vierten Hauptgruppe, der fünften Haupt-
und Nebengruppe.** Titan. Zirkon. Hafnium. Thorium. Stickstoff. Phosphor. Arsen. Antimon. Wismut.   In Vorbereitung.

Band VI: **Elemente der sechsten Gruppe.** Sauerstoff. Schwefel. Selen.
Tellur. Chrom. Molybdän. Wolfram. Uran. Bearbeitet von **O. Schmitz-
Dumont**-Bonn, **M. v. Stackelberg**-Bonn, **O. Tomiček**-Prag. Mit 61 Ab-
bildungen. XII, 267 Seiten. 1948.   DMark 39.—

Band VII: **Elemente der siebenten Gruppe.** Fluor. Chlor. Brom. Jod.
Mangan. Rhenium.   In Vorbereitung.

Band VIIIb β: **Elemente der achten Nebengruppe.** Platinmetalle. Platin.
Palladium. Rhodium. Iridium. Ruthenium. Osmium. Bearbeitet von
G. Bauer-Hanau, **K. Ruthardt**-Hanau. Mit 9 Abbildungen.
XIV, 252 Seiten. 1951.   Etwa DMark 45.—

Dritter Teil: **Quantitative Bestimmungs- und Trennungsmethoden.**

Band Ia: **Elemente der ersten Hauptgruppe** (einschließlich Ammonium).
Lithium. Natrium. Kalium. Ammonium. Rubidium. Caesium. Be-
arbeitet von **E. Brennecke**-Wiesbaden, **F. Busch**-Merkers, **L. Fresenius** †-
Wiesbaden, **R. Fresenius** †-Wiesbaden. Mit 31 Abbildungen. XV,
404 Seiten. 1940.   DMark 51.—

[Handbuch der analytischen Chemie.]
Band Ib: **Elemente der ersten Nebengruppe.** Kupfer. Silber. Gold.

In Vorbereitung.

Band IIa: **Elemente der zweiten Hauptgruppe.** Beryllium. Magnesium. Calcium. Strontium. Barium. Radium und Isotope. Bearbeitet von **F. Busch**-Merkers, **O. Erbacher**-Berlin-Dahlem, **K. Lang**-Berlin, **A. Schleicher**-Aachen, **G. Siebel**-Bitterfeld, **F. Straßmann** und **M. Straßmann-Heckter**-Berlin-Dahlem, **K. E. Stumpf**-Greifswald, **C. Tanne**-Hamburg-Altona, **B. Wandrowsky**-Berlin. Mit 13 Abbildungen. XI, 446 Seiten. 1940. DMark 57.—

Band IIb: **Elemente der zweiten Nebengruppe.** Zink. Cadmium. Quecksilber. Bearbeitet von **H. Funk**-München, **M. Lehl-Thalinger**-Berlin, **E. Pohland**-Berlin. Mit 46 Abbildungen XI, 587 Seiten. 1945. DMark 70.—; gebunden DMark 72.50

Band III: **Elemente der dritten Gruppe.** Bor. Aluminium. Gallium. Indium. Thallium. Scandium. Yttrium. Elemente der seltenen Erden (Lanthan bis Cassiopeium). Actinium und Mesothor 2. Bearbeitet von **A. Brukl**-Wien, **O. Erbacher** †, **A. Faeßler**-Freiburg, **G. Rienäcker**-Rostock, **K. E. Stumpf**-Sehnde i. Hannover, **E. Wiberg**-München. Zweite Auflage. In Vorbereitung

Band IVb: **Elemente der vierten Nebengruppe.** Titan. Zirkon. Hafnium Thorium. Bearbeitet von **H. Bode**-Hamburg, **A. Claassen**-Eindhoven (Holland), **B. Jüstel** †. Mit 25 Abbildungen. XVI, 524 Seiten. 1950. DMark 78.—

Band Va β: **Elemente der fünften Hauptgruppe.** Phosphor.

In Vorbereitung.

Band Va γ: **Elemente der fünften Hauptgruppe.** Arsen. Antimon. Wismut. Bearbeitet von **E. Karl-Kroupa**-Bad Aussee, **R. Klement**-München. Mit 45 Abbildungen. XIV, 711 Seiten. 1951. DMark 108.—

Band VIa: **Elemente der sechsten Hauptgruppe.** Sauerstoff (einschließlich Ozon und Wasserstoffperoxyd). Schwefel. Selen. Tellur. Polonium.

In Vorbereitung.

Band VIIa α: **Elemente der siebenten Hauptgruppe I.** Wasserstoff (einschließlich Wasser). Fluor. Bearbeitet von **G. Bähr**-Jena, **Fr. Hein**-Jena, **R. Klement**-München. Mit 86 Abbildungen. XIII, 245 Seiten. 1950. DMark 38.—

[Handbuch der analytischen Chemie.]
BandVIIIa: **Elemente der achten Hauptgruppe.** Edelgase: Helium. Neon. Argon. Krypton. Xenon. Radon und Isotope. Bearbeitet von **H. Kahle**-Höllriegelskreuth bei München, **B. Karlik**-Wien. Mit 53 Abbildungen. XII, 120 Seiten. 1949. DMark 19.60

Einbanddecken zu Tl. 2, Bd. VI, Tl. 3, Bd. IVb, Vaγ, VIIaα, VIIIa
je DMark 4.80

Hecht, Dr. rer. nat. Horstmar, **Präparative anorganische Chemie.** Mit etwa 56 Abbildungen. Unter der Presse.

[B] **Heiss,** Rudolf, Dr.-Ing. habil., Dozent, Direktor des Instituts für Lebensmitteltechnologie, München, **Lebensmitteltechnologie.** Einführung in die Verfahrenstechnik der Lebensmittelverarbeitung. Mit 223 Textabbildungen. VIII, 344 Seiten. 1950. DMark 27.60; Ganzleinen DMark 29.70

Die vorliegende Schrift möchte sich auf den Versuch beschränken, dem Ingenieur und dem technischen Physiker einen Überblick über seine Einsatzmöglichkeiten und die wesentlichen Punkte der Lebensmittelverarbeitung zu geben. Die einleitenden Kapitel geben eine kurze Zusammenfassung der verfahrenstechnischen Grundlagen. Der Behandlung der einzelnen Lebensmittel wurden Betriebsschemen zugrunde gelegt, und womöglich andersartige verfahrenstechnische Lösungen des Auslandes angeführt. Eine kurze Schilderung und Begründung des Verarbeitungsganges will auch hierbei nicht das Studium der einschlägigen Fachliteratur ersetzen. Es wurde erwogen, bei diesem umfassenden Stoff die einzelnen Abschnitte durch erfahrene Praktiker bearbeiten zu lassen. — Da bei einer solchen Aufsplitterung des Stoffes aber leicht die Einheitlichkeit in der Auffassung Schaden leidet, und weil viele Erzeugungsverfahren in den einzelnen Fabriken verschiedenartig gehandhabt werden, wurde der Weg einer zentralen Bearbeitung versucht und in Zweifelsfällen der Rat erfahrener Betriebsleiter eingeholt.

Inhaltsübersicht: *Verfahrenstechnische Grundprozesse in der Lebensmittelindustrie.* Änderung der Stoffdichte. Mischvorgänge. Stofftrennung. Verschiedene technologische Arbeitsprozesse. Werkstoffe. *Herstellungsverfahren, bei welchen mechanische Prozesse überwiegen.* Trennungsvorgänge fest/fest, Änderung der Stoffdichte. Misch- und Emulgiervorgänge. Trennung fest/flüssig und flüssig/flüssig. *Herstellungsverfahren, bei welchen thermische Prozesse überwiegen, insbesondere durch Trennung der gasförmigen von der flüssigen Phase.* Trocknen, Rösten. Anhang: Vereinigung und Trennung der flüssigen und gasförmigen Phase. Fetthärtung. Eindampfen, Sterilisieren, Gefrieren. Kristallisieren. Schmelzen. Hydrolyse. *Biochemische Technologie. Sachverzeichnis.*

Holleck, Dr. Ludwig, apl. Professor für Physikalische Chemie an der Universität Freiburg i. Br., **Physikalische Chemie und ihre rechnerische Anwendung — Thermodynamik.** Eine Einführung für Studierende und Praktiker. Mit 6 Übersichtsblättern und 47 Abbildungen. VII, 239 Seiten. 1950.
DMark 15.—; Ganzleinen DMark 16.80

Das vorliegende Buch ist aus Bedürfnissen heraus entstanden, die sich im Zuge physikalisch-chemischer seminaristischer Übungen an Universitäten herausstellten. Diese Übungen, die sich allenthalben als notwendig erweisen zur Aufschließung

[Holleck, Physikalische Chemie und ihre rechnerische Anwendung — Thermodynamik.]
des Verständnisses für physikalisch-chemische Gedankengänge, Problemstellungen, Gesetzmäßigkeiten und deren mathematische Formulierung und zur Vertiefung des Lehrstoffes, sollen dem Studierenden auch die Wege weisen, auf denen unsere Erkenntnisse einer weiteren Forschung oder der Praxis nutzbar gemacht werden können.

Inhaltsübersicht: Einführung. Allgemeine Begriffe und Voraussetzungen. Die energetischen Größen (Zustandsfunktionen) und ihre Verkettung. Gleichgewichte. Die praktische Auswertung der energetischen Größen und ihrer wechselseitigen Beziehungen. Übungsbeispiele und Aufgaben. Tabellenanhang. Literaturverzeichnis. Sachverzeichnis.

Hopff, Professor Dr. H., Ludwigshafen, Dr. **A. Müller,** Lambsheim und Dr. **F. Wenger,** Ludwigshafen, **Die Polyamide.**   In Vorbereitung.

Hoppe-Seyler-Thierfelder, Handbuch der physiologisch- und pathologisch-chemischen Analyse. Zehnte Auflage. Herausgegeben von Professor Dr. Dr. **K. Lang**-Mainz und Professor Dr. **E. Lehnartz**-Münster i. Westf.
In Vorbereitung.

Jander, Dr. Gerhart, o. Professor an der Universität Greifswald, und Dr. Hans **Spandau,** Assistent am Anorgan.-Chemischen Institut der Technischen Hochschule Braunschweig, **Kurzes Lehrbuch der Anorganischen Chemie.** Vierte Auflage. Mit 110 Abbildungen. XI, 447 Seiten. 1949. DMark 12.—

Inhaltsübersicht: Einleitung. 1. Grundbegriffe der Chemie und ihre Erklärung am Beispiel des Systems Wasser. 2. Die elementaren Bestandteile des Wassers. Ozon. Wasserstoffsuperoxyd. 3. Die Bestandteile der Luft. 4. Der Kohlenstoff. 5. Die Metalle. 6. Die Halogene. 7. Die Eigenschaften von Lösungen, insbesondere von wäßrigen Lösungen. 8. Die Chalkogene. 9. Gleichgewichtslehre. Massenwirkungsgesetz. 10. Das periodische System. Der Atombau. 11. Die Stickstoffgruppe. 12. Die 4. Hauptgruppe des periodischen Systems und das Bor. 13. Die Alkalien. 14. Zweite Hauptgruppe des periodischen Systems. 15. Die radioaktiven Elemente. 16. Dritte Hauptgruppe des periodischen Systems. 17. Die Nebengruppen des periodischen Systems. 18. Komplexverbindungen und Koordinationslehre. 19. Die Hydride. 20. Intermetallische Verbindungen, intermetallische Phasen. 21. Der kolloide Verteilungszustand der Materie. 22. Die Chemie der Hydrolyse und der höhermolekularen Hydrolyseprodukte (Polysäuren und Polybasen). Hochmolekulare anorganische Verbindungen. 23. Oxydhydrate und Hydroxyde. 24. Reaktionen im festen Aggregatzustand. 25. „Wasserähnliche“, anorganische Lösungsmittel. 26. Geochemie. Sachverzeichnis.

[B] **Jirgensons,** Dr. chem. B., Universität Manchester, England, und Dr. chem. **M. Straumanis,** Universität Missouri, School of Mines, Rolla, USA, beide vormals an der Universität Lettlands in Riga, **Kurzes Lehrbuch der Kolloidchemie.** Mit 175 Textabbildungen. VIII, 282 Seiten. 1949.
DMark 18.60; Ganzleinen DMark 21.60

Aus dem Vorwort: Wir haben versucht, die wichtigsten Ergebnisse und Probleme der modernen Kolloidchemie möglichst elementar darzustellen, wobei sowohl

[Jirgensons und Straumanis, Kurzes Lehrbuch der Kolloidchemie.]

die anorganischen als auch die organischen Kolloide berücksichtigt wurden. — Der Stoff des Buches ist in zwei Abteilungen gegliedert. In dem kürzeren ersten Teil werden die Grundbegriffe und elementaren Untersuchungsmethoden der Kolloidchemie behandelt. Das wäre ungefähr der Stoff, den die Studierenden kennen müssen, um mit einem Praktikum der Kolloidchemie zu beginnen. Im zweiten Teil wird dann alles gründlicher im einzelnen behandelt. Die wichtigsten neuesten Literaturangaben haben erst während der Drucklegung Aufnahme gefunden. — In die Arbeit haben sich beide Verfasser so geteilt, daß STRAUMANIS die Kapitel über Grenzflächenerscheinungen, über Röntgenographie und Elektronenmikroskopie, sowie die über feste disperse Systeme und Ärosole, auch einige Stellen in andern Kapiteln schrieb, während JIRGENSONS die übrigen Abschnitte verfaßte. Alle Kapitel wurden jedoch gemeinsam diskutiert und während der Drucklegung durchgesehen.

Inhaltsübersicht. 1. Teil: Die Grundbegriffe der Kolloidchemie. Die elementaren Untersuchungsmethoden der Kolloidchemie. 2. Teil: Disperse Systeme vom molekularkinetischen Standpunkt aus betrachtet. Die Grenzflächenerscheinungen. Die optischen Eigenschaften disperser Systeme. Die elektrischen Eigenschaften disperser Systeme. Die Viskosität kolloider Lösungen. Die Bestimmung der Teilchengröße. Bestimmung der Teilchenform. Die Bestimmung der Teilchengröße und -form mittels Röntgen- und Elektronenstrahlen. Die Herstellung kolloider Lösungen. Die Zustandsänderungen lyophober Sole. Die Zustandsänderungen lyophiler Kolloide. Die Gele. Die Emulsionen. Gasdispersionen und Schäume. Ärosole (Nebel, Staub, Rauch). Feste Sole. Namen- und Sachverzeichnis.

Kainer, Dipl.-Ing. Dr. techn. Franz, Patentanwalt in Reicholzheim a. d. Tauber, **Die Kohlenwasserstoff-Synthese nach Fischer-Tropsch.** Mit 40 Abbildungen. VII, 322 Seiten. 1950. Ganzleinen DMark 39.60

Eine zusammenfassende Darstellung der Fischer-Tropsch-Synthese hat der Verfasser erstmals in seinem vor mehr als 10 Jahren erschienenen Werk ,,Technische Adsorptionsstoffe in der Kontakt-Katalyse'' gegeben. Seit dieser Veröffentlichung sind jedoch gerade die für die reibungslose großtechnische Durchführung der Kohlenwasserstoff-Synthese notwendigen Erfindungen gemacht worden. — Es erscheint bei der Bedeutung, die der Fischer-Tropsch-Synthese heute zukommt, gerechtfertigt, auch diese letzten Verbesserungen und Verfeinerungen und die wichtigsten Verwertungen der Synthese-Produkte im Rahmen einer zusammenfassenden Übersicht darzustellen.

Inhaltsübersicht: 1. Teil: Herstellung von Synthese-Kontakten. Kontaktgröße und Kontaktform. Nachbehandlung von Synthese-Kontakten. Wiederbelebung von Synthese-Kontakten. Wiedergewinnung der Kontakt-Metalle. 2. Teil: Synthese-Gas. Synthese-Temperatur. Synthese-Druck. Synthese-Apparatur. 3. Teil: Synthese-Verfahren. 4. Teil: Synthese-Anlagen. Synthese-Produkte. Anhang: Patentverzeichnis. Namenverzeichnis. Sachverzeichnis.

[B] **Kiermeier,** Dr. Fr., München, **Lehrbuch der Lebensmittelchemie.**

1. Teil: Allgemeine Lebensmittelchemie. In Vorbereitung.

2. Teil: Spezielle Lebensmittelchemie. In Vorbereitung.

Kirschbaum, Dr.-Ing. Emil, Professor an der Technischen Hochschule in Karlsruhe, **Destillier- und Rektifiziertechnik.** Zweite Auflage. Mit 294 Abbildungen im Text und 23 Kurventafeln. XVI, 465 Seiten. 1950.

DMark 45.—; Ganzleinen DMark 49.50

In diesem Buch werden Theorie und Praxis der Destillier- und Rektifiziertechnik knapp, klar und dem neuesten Stand der Wissenschaft entsprechend dargestellt. Es ist für den lernenden wie für den in der Praxis tätigen Ingenieur geschrieben, und seine besondere Stärke liegt in der glücklichen Vereinigung strenger Wissenschaftlichkeit mit ingenieurmäßiger Behandlung des gesamten Gebietes, das in jüngster Zeit an praktischer Bedeutung noch zugenommen hat. — Die erste Auflage (1940) war schon kurz nach Erscheinen vergriffen. Inzwischen haben weitere Forschungen, nicht zuletzt des Verfassers selbst und seiner Karlsruher Schule, eine Reihe von Lücken in der Erkenntnis geschlossen. Die zweite Auflage, die wegen zeitbedingter Schwierigkeiten erst jetzt veranstaltet werden konnte, unterscheidet sich daher nicht unwesentlich von der ersten. So ist die Theorie des gekoppelten Wärme- und Stoffaustausches ausgebaut und vereinfacht, die u. a. für die Berechnung von Destillier- und Rektifizierapparaten und von Füllkörpersäulen von großer Bedeutung ist. Ferner haben die Vielstoffgemische gegenüber der ersten Auflage eine wesentlich eingehendere Behandlung erfahren. Beträchtlich erweitert wurde der Abschnitt über Füllkörpertechnik, und ganz neu aufgenommen ist eine Betrachtung über Sonderbauarten von Rektifizierböden. — So wird das Buch auch in der neuen Auflage seinen Rang als führendes Werk auf diesem Fachgebiet behaupten. Sein Wert für die Praxis wird noch dadurch gesteigert, daß der Umfang des Anhangs, in welchem in Tabellen und Kurven Gleichgewichtswerte für Zwei- und Dreistoffgemische und damit zusammenhängende physikalische Werte wiedergegeben werden, gegenüber der ersten Auflage auf ein Vielfaches angewachsen ist.

Inhaltsübersicht: Allgemeines. Theoretische Grundlagen. Flüssigkeitstrennung durch einmalige Destillation. Die Rektifiziersäule. Der stetig arbeitende Rektifizierapparat mit Austauschböden. Die Rektifikationsvorgänge im Wärmeinhalt-Konzentrationsbild. Trennung von Gemischen mit mehr als zwei Bestandteilen. Bestimmung der Abmessungen der Rektifiziersäule mit Austauschböden. Wirkung von Rektifizierböden. Rektifikation in Füllkörpersäulen. Flüssigkeitsinhalt einer Rektifiziersäule. Ausführung von Einzel- und Zubehörteilen. Anhang. Gleichgewichtswerte für Zwei- und Dreistoffgemische. Namenverzeichnis. Sachverzeichnis.

Klut-Olszewski, Untersuchung des Wassers an Ort und Stelle, seine Beurteilung und Aufbereitung. Von Dr. rer. nat. **Wolf Olszewski †,** approbierter Lebensmittel- und Dipl.-Chemiker, Leiter der Chemisch-Hygienischen Abteilung der Dresdener Wasserwerke. Neunte, vermehrte und verbesserte Auflage. Mit 10 Abbildungen. VII, 281 Seiten. 1945.

DMark 15.—

Aus dem Vorwort: Die neubearbeitete 8. Auflage war bereits kurze Zeit nach dem Erscheinen vergriffen. Da das Buch immer mehr ein Universaltaschenbuch für alle Arten und Verwendungszwecke des Wassers werden soll, sind auch in dieser Neuauflage Zusätze und Umänderungen erfolgt. So ist z. B. ein Abschnitt über Meerwasser hinzugekommen. Die für die bakteriologische Untersuchung benötigten Nährlösungen und Nährböden sind in einem besonderen Abschnitt, ähnlich dem Reagenzienverzeichnis, zusammengestellt.

Kollmann, Dr.-Ing. Franz, o. ö. Professor der Universität Hamburg, Direktor der Bundesanstalt für Forst- und Holzwirtschaft Reinbek, **Technologie des Holzes und der Holzwerkstoffe.** Zweite, neubearbeitete und erweiterte Auflage.

Erster Band: **Anatomie und Pathologie, Chemie, Physik, Elastizität und Festigkeit.** Mit 870 Textabbildungen, 191 Zahlentafeln und 6 Tafeln in einer Tasche. XIX, 1050 Seiten. 1951. Ganzleinen DMark 136.—

Die vor 14 Jahren erschienene erste Auflage dieses Buches wurde allgemein so günstig aufgenommen, daß eine Neuauflage schon 1939 nötig und geplant war. Jedoch wurden die Arbeiten daran und die Drucklegung durch Krieg und Nachkriegszeit etwa 10 Jahre aufgehalten. In dieser Zeit nun vollzog sich eine stürmische Entwicklung der Holztechnologie. Die naturwissenschaftlichen Kenntnisse vom Aufbau des Holzes, seinen chemischen und physikalischen Eigenschaften wurden vertieft und zusammenhängend dargestellt, die Holztechnologie erzielte auf den Gebieten der Trocknung, des Holzschutzes, der Holzveredelung und -verarbeitung großartige Fortschritte. Es war deshalb unerläßlich, das Buch von Grund auf neu zu bearbeiten und erheblich zu erweitern. Dies kommt rein äußerlich in dem neuen Titel ,,Technologie des Holzes und der Holzwerkstoffe" zum Ausdruck. Eine Folge der Erweiterung war die Teilung in zwei Bände, von denen der erste die allgemeinen Grundlagen der Holztechnologie, d. h. die Holzeigenschaften, systematisch behandelt, während der *zweite* sämtliche Verfahren der Trocknung, des Holzschutzes der Holzverbindung, Verformung und Bearbeitung, der Veredelung und schließlich der Abfallverwertung erörtern wird.

Inhaltsübersicht: *1. Anatomie und Pathologie des Holzes.* Makroskopischer Bau. Mikroskopischer Bau. Fehler des Holzes. Einfluß der Fällzeit auf die Holzeigenschaften. Zerstörung des Holzes durch Bakterien und Pilze. Zerstörung des Holzes durch tierische Schädlinge. *2. Chemie des Holzes:* Feinbau der Holzzellwand. Chemische Bestandteile der Hölzer. Holzschliff- und Zellstofferzeugung. Holzverzuckerung. Verbrennung von Holz. Verkohlung des Holzes. Vergasung von Holz und Holzkohle (Sauggasherstellung), Betrieb von Motoren mit Holz und Holzkohlengas. Korrosionseigenschaften und korrodierende Eigenschaften von Holz. *3. Physik des Holzes:* Rohwichte und Reinwichte. Feuchtigkeit, Sorption, Quellung und Kapillarkondensation von Holz. Kapillarbewegung, Diffusion und Osmose im Holz (Physikalische Vorgänge bei Trocknung und Tränkung). Thermische Eigenschaften der Hölzer. Elektrische Eigenschaften der Hölzer. Akustische Eigenschaften der Hölzer, Schallschutz durch Holzbauteile. Reibungseigenschaften von Holzkörpern. *4. Elastizität und Festigkeit des Holzes und der Holzwerkstoffe:* Elastische Eigenschaften. Zugfestigkeit der Hölzer und der Holzwerkstoffe.

[Kollmann, Technologie des Holzes und der Holzwerkstoffe.]

Druckfestigkeit und Knickfestigkeit der Hölzer und der Holzwerkstoffe. Druckfestigkeit und Knickfestigkeit der Hölzer und Holzwerkstoffe. Biegefestigkeit von Holz und Holzwerkstoffen. Verdrehfestigkeit (Torsionsfestigkeit), Schubfestigkeit und Scherfestigkeit von Hölzern und Holzwerkstoffen. Härte und Abnutzungswiderstand. Gütebestimmung für Bauholz, zulässige Spannungen für Holz. Namenverzeichnis. Holzartenverzeichnis. Sachwortverzeichnis. Anhang.

Zweiter Band. In Vorbereitung.

Krönig, Dr. Walter, Hamburg, **Die katalytische Druckhydrierung von Kohlen, Teeren und Mineralölen.** (Das I. G.-Verfahren von Matthias Pier.) Mit 26 Abbildungen und 13 Schemata. VI, 266 Seiten. 1950.

Ganzleinen DMark 39.—

Eine zusammenfassende Darstellung aller wesentlichen Erkenntnisse und Erfahrungen, die bei der Entwicklung und technischen Gestaltung des Verfahrens sowie bei der großtechnischen Durchführung des Prozesses gesammelt worden sind. So gibt die Darstellung ein geschlossenes Bild vom Werdegang des I. G.-Hydrierverfahrens und von seiner technischen Gestaltung und zeigt zugleich Ansätze für die Weiterentwicklung. — Von der menschlichen Seite aus betrachtet ist die vorliegende Schrift die Künderin der Taten dreier großer Männer: CARL BOSCH, der mit seiner Autorität die Entwicklung der Hydrierung gefördert und seit 1926 den weittragenden Entschluß der Errichtung der Großversuchs-Hydrieranlage in Leuna gefaßt hat; und CARL KRAUCH, der mit seinem überragenden technischen Können und seiner, alle Widerstände bezwingenden Energie die großtechnische Entwicklung der Hydrierung vorwärts getrieben hat; und MATTHIAS PIER, dem Schöpfer des Verfahrens, der in kühner Konzeption die Grundlagen des Prozesses schuf, in zäher, nie ermüdender Arbeit, übersprudelnd von Ideen, das Verfahren ausbildete und unter Einsatz seiner großen Energie und seiner ganzen Persönlichkeit den großtechnischen Erfolg sicherte.

Kuprianoff, Professor Dr.-Ing. J., Karlsruhe, **Lebensmitteltechnik.**

In Vorbereitung.

—, und Dipl-Ing. **J. Gutschmidt,** Karlsruhe, **Lebensmitteltechnisches Taschenbuch.** In Vorbereitung.

Lange, Dr.-Ing. Werner, Professor für Metallhüttenkunde an der Bergakademie Freiberg, **Die thermodynamischen Eigenschaften der Metalloxyde.** Ein Beitrag zur theoretischen Hüttenkunde. Mit 16 Abbildungen. V, 107 Seiten. 1949. DMark 12.—

Inhaltsübersicht: Einleitung. Grundlagen der Gleichgewichtsberechnung. Affinitätsgleichungen vom Kohlenmonoxyd, Kohlendioxyd und Wasserdampf. Affinitätsgleichungen der Metalloxyde. Beispiele für die Anwendung der abgeleiteten thermodynamischen Gleichungen. Literaturverzeichnis. Tabellarische Zusammenstellung der Affinitätsgleichungen.

Langenbeck, Dr. Wolfgang, o. Professor an der Universität Rostock, **Die organischen Katalysatoren und ihre Beziehungen zu den Fermenten.** Zweite Auflage. Mit 8 Textabbildungen. VIII, 136 Seiten. 1949.
DMark 15.—

Aus dem Vorwort: Seit dem Erscheinen der ersten Auflage haben sich wichtige neue Beziehungen zwischen den organischen Katalysatoren und den Fermenten ergeben. Es wurden aber auch Fortschritte auf allgemein-katalytischem Gebiete erzielt. Für die Auffindung organischer Katalysatoren und die Beziehungen zwischen Konstitution und Wirksamkeit wurden neue Gesichtspunkte entwickelt. Im ganzen waren weit über 100 Literaturstellen zusätzlich zu berücksichtigen. Das angewachsene Material machte eine übersichtlichere Stoffanordnung erforderlich, deshalb mußte das Buch vollständig umgearbeitet werden.

Inhaltsübersicht: 1. Einleitung. 2. Übersicht über die bisher bekannten Reaktionen organischer Katalysatoren. 3. Kinetik. 4. Beziehungen zwischen Konstitution und Wirksamkeit. 5. Spezifität. 6. Beziehungen zwischen organischen Katalysatoren und Fermenten. 7. Technisch brauchbare organische Katalysatoren. 8. Unvollständig untersuchte Katalysen und Katalysen mit unbekanntem Mechanismus. 9. Rückschau und Ausblick. 10. Daten zur Geschichte der organischen Katalysatoren. 11. Praktischer Teil (Meßverfahren und Darstellungsverfahren). Namen- und Sachverzeichnis.

Lehnartz, Professor Dr. Emil, Direktor des Physiologisch-Chemischen Instituts der Universität Münster i. Westf., **Einführung in die chemische Physiologie.** Neunte Auflage. Mit 95 Abbildungen. XI, 476 Seiten. 1949.
Halbleinen DMark 24.—

Inhaltsübersicht: *Die chemischen Bausteine des Körpers.* Kohlenhydrate. Fette, Wachse, Phosphatide und Cerebroside. Sterine und Gallensäuren. Carotinoide. Eiweißkörper. Nucleinstoffe. Pyrrolfarbstoffe. Anorganische Stoffe. *Die physiko-chemischen Grundlagen der Organtätigkeit.* Diffusion und Osmose. Elektrolytische Dissoziation. Wasserstoffionenkonzentration. Pufferung. Ampholyte. Grenzflächenerscheinungen. Kolloide und kolloidaler Zustand. Die biologische Permeabilität. *Die Wirkstoffe des Körpers.* Vorbemerkungen. Vitamine. Hormone. Fermente und ihre Wirkungen. *Der Stoffwechsel.* Verdauung und Resorption. Die Grundlagen des Stoffwechsels. Der Stoffwechsel der Kohlenhydrate, der Fette, der Eiweißkörper, der Nucleinsubstanzen. Die Leber. Blut und Lymphe. Die Muskulatur. Der Harn. Die Ausscheidungsfunktion der Haut und die Milch. Sachverzeichnis.

[B] **Lux,** Hermann, apl. Professor an der Technischen Hochschule München, **Praktikum der quantitativen anorganischen Analyse.** Zweite Auflage. Zugleich Neuauflage des Praktikums der quantitativen anorganischen Analyse von Alfred Stock und Arthur Stähler. Mit 47 Abbildungen. VII, 184 Seiten. 1949.
DMark 8.—

Aus den Besprechungen: ... An der Neuauflage sind besonders hervorzuheben die sehr geschickt angeordneten und kurz gefaßten allgemeinen praktischen Anweisungen und die Abschnitte „Allgemeines", die den einzelnen Kapiteln vorangehen. Die anschließenden Vorschriften sind auch für den Anfänger gut verständlich dargestellt. An jede Vorschrift anschließende Erläuterungen sind besonders

[Lux, Praktikum der quantitativen anorganischen Analyse.]
wertvoll. Das Buch, das gewichtsanalytische Einzelbestimmungen, maßanalytische
und elektroanalytische Methoden ausführlich behandelt, beschäftigt sich am Schluß
in gedrängter Kürze auch mit Trennungen und gibt eine Anzahl von Beispielen
für die Analyse von Mineralien und technischen Produkten. Es ist zur Verwendung
im Anfängerpraktikum sehr zu empfehlen. *„Kolloid-Zeitschrift."*

Marquardt, M., **Paul Ehrlich.** Mit etwa 54 Abbildungen. Etwa 300 Seiten.
Unter der Presse.

Masing, Dr. Georg, o. ö. Professor an der Universität Göttingen, Direktor des
Instituts für Allgemeine Metallkunde, Göttingen, **Lehrbuch der allgemeinen
Metallkunde.** Unter Mitwirkung von Dr. Kurt Lücke, Assistent am Institut für allgemeine Metallkunde, Göttingen. Mit 495 Abbildungen. XV,
620 Seiten. 1950. DMark 56.—; Ganzleinen DMark 59.60

Inhaltsübersicht: *Einleitung. Einige allgemeine Grundlagen:* Einige physikalisch-chemische Beziehungen. Einige krystallographische Grundlagen. Röntgen-
analyse in der Metallkunde. Thermodynamische Grundlagen. *Konstitutionslehre
(Heterogene Gleichgewichte):* Einstoffsysteme. Zweistoffsysteme. Phasenregel.
Dreistoffsysteme. Systeme mit vier und mehr Bestandteilen. Bemerkungen über
die Methoden der Konstitutionsforschung. Zur Energetik binärer Systeme. *Der
atomistische Aufbau des metallischen Krystalles:* Intermetallische Krystallarten. Reine
Metalle. Mischkrystalle. *Diffusion. Entstehung des krystallinischen Metallkörpers:*
Die Keimbildung. Das Krystallwachstum in der Schmelze. Ergänzungen. Eigen-
schaftsänderungen bei der Krystallisation. Entstehung des technischen Metallkörpers
aus der Schmelze. *Physikalische Eigenschaften der Metalle:* Das Metallatom. Die
spezifische Wärme der Metalle. Volumen und thermische Ausdehnung. Elektrische
Leitfähigkeit, Wärmeleitfähigkeit. Magnetische Eigenschaften. Thermoelektrizität.
Elastisches Verhalten der Metalle. *Plastische Verformung:* Makroskopische Beschreibung. Atomistische Theorie der Gleitung und der Verfestigung. Änderungen
der physikalischen und chemischen Eigenschaften durch plastische Verformung.
Sondererscheinungen. *Eigenspannungen:* Natur, Entstehung und Wirkung von
Eigenspannungen. Messung von Eigenspannungen. *Erholung und Rekrystallisation:*
Definition der Rekrystallisation und der Erholung. Überblick über die Erscheinungen der Rekrystallisation. Erholung. Systematische Erörterung der Teilvor-
gänge der Rekrystallisation. Einfluß von Verunreinigungen und Legierungszusätzen
auf Rekrystallisation und Erholung. Rekrystallisationstexturen. Rekrystallisations-
beobachtungen an nichtmetallischen Stoffen. *Zustandsänderungen in krystalli-
sierten Metallen:* Allgemeines. Umwandlungen. Aushärtung. *Chemische Reaktionen
der Metalle mit nichtmetallischen Stoffen:* Allgemeines. Angriff der Metalle durch
Gase. Korrosion in Elektrolyten. *Anhang: Einzelne Metalle und Legierungen:* Eisen
und einige seiner Legierungen. Kupfer und einige seiner Legierungen. Leichtmetalle
und ihre Legierungen. Zink und seine Legierungen. Nickel und seine Legierungen.
Tabelle der wichtigsten physikalischen Eigenschaften der Metalle. Verzeichnis einiger
Fachbücher. Namen- und Sachverzeichnis.

—, **Grundlagen der Metallkunde** in anschaulicher Darstellung. Dritte
Auflage. Mit etwa 140 Abbildungen. In Vorbereitung.

Metallkunde, Reine und angewandte, in Einzeldarstellungen. Herausgegeben von **W. Köster.**

Vierter Band: **Kupfer im technischen Eisen.** Von Dr.-Ing. habil. **Heinrich Cornelius**-Berlin. Mit 165 Abbildungen. V, 225 Seiten. 1940.
DMark 27.—

Sechster Band: **Blei und Bleilegierungen.** Metallkunde und Technologie. Von Dr.-Ing. habil. **Wilhelm Hofmann,** Dozent für Metallkunde an der Technischen Hochschule Berlin. Mit einem Geleitwort von Dr.-Ing. habil. Heinrich Hanemann, o. Professor für Metallkunde an der Technischen Hochschule Berlin. Mit 227 Abbildungen. X, 293 Seiten. 1941.
Gebunden DMark 29.50

Achter Band: **Metallographie des Magnesiums** und seiner technischen Legierungen. Von Dr. phil. **Walter Bulian,** Leiter des Metall-Laboratoriums der Wintershall A. G., und Dr. phil. **Eberhard Fahrenhorst**-Heringen a. d. Werra. Zweite, verbesserte und erweiterte Auflage bearbeitet von W. Bulian. Mit 250 Abbildungen. V, 139 Seiten. 1949.
DMark 16.50

Inhaltsübersicht: *I. Einleitung. II. Schleif- und Ätztechnik.* 1. Probeentnahme. 2. Einbettverfahren. 3. Schleifen. 4. Ätzen. *III. Kristallarten.* A. Magnesium. B. Technische Legierungszusätze. 1. Mangan. 2. Aluminium. 3. Zink. 4. Zer, Kalzium und Quecksilber. C. Technische Verunreinigungen. 5. Silizium. 6. Eisen. 7. Weitere Elemente und Oxyde. *IV. Reinmagnesium und aluminiumfreie Legierungen.* A. Reinmagnesium. 1. Technisches Reinmagnesium und Reinstmagnesium. 2. Rekristallisation im gegossenen Zustand. 3. Basisstreifen. 4. Magnesium, warm verformt. B. Die Magnesium-Mangan-Legierung Mg-Mn. 5. Die Erscheinungsformen des Mangans. 6. Makro- und Mikrokorngrenzen, Dendrite. 7. Zwillingsbildung im Guß. 8. Warmverformung und Rekristallisation. 9. Schweißen. C. Sonderlegierungen. D. Korrosion. *V. Magnesiumlegierungen mit Aluminium und Zink.* A. Kokillenguß, Bolzenguß. 1. Normales Gefüge. 2. Korngrenzen. 3. Al_2Mg_3. 4. Eutektoid. 5. Mikrolunker, Gasblasen, Oxydhäute. B. Strangpreßmaterial. 6. Allgemeines. 7. Zeilengefüge. 8. Rekristallisation. 9. Zwillingsbildung. 10. Glühbehandlung. 11. Warm- und Kaltrisse. 12. Oxydhäute. 13. Schalen- und Blasenbildung. C. Bleche. D. Schweißen. E. Schmiedeteile. 14. Allgemeines. 15. Einfluß der Schmiedetemperatur auf das Gefüge. 16. Zwillingsbildung. 17. Einfluß der Homogenisierung auf die Ätzbarkeit. 18. Oxydhäute. F. Sandguß. G. Spritzguß. *VI. Makroätzung und Bruchgefüge.* Namenverzeichnis. Sachverzeichnis.

Neunter Band: **Pulvermetallurgie und Sinterwerkstoffe.** Von Dr. **Richard Kieffer,** Betriebsdirektor der Metallwerke Plansee G.m.b.H., Reutte (Tirol), und Dr. **Werner Hotop,** Betriebsleiter der Abteilung Sintermetalle der Magnetfabrik Dortmund (Deutsche Edelstahlwerke A.G.), Dortmund-Aplerbeck. Zweite, verbesserte Auflage. Mit 244 Abbildungen. IX, 412 Seiten. 1948.
DMark 36.—

[Metallkunde, Reine und angewandte, in Einzeldarstellungen.]
Inhaltsübersicht: I. Teil: *Einführung — Ausgangsstoffe — Arbeitsverfahren der Pulvermetallurgie.* 1. Begriffsbestimmungen — Geschichtliche Entwicklung — Gründe für die Anwendung der Pulvermetallurgie. 2. Die Metallpulver. 3. Die Technologie der Pulvermetallurgie. II. Teil: *Die wissenschaftlichen Grundlagen der Pulvermetallurgie mit besonderer Berücksichtigung der Eigenschaften von Sinterkörpern.* 4. Einführung — Das Wesen der physikalischen Eigenschaften gesinterter Körper im Vergleich zu dem geschmolzener Körper. 5. Das Pressen. 6. Das Sintern. 7. Das Heißpressen. III. Teil: *Gesinterte Metalle und Legierungen.* 8. Erste Gruppe des periodischen Systems. 9. Zweite, dritte und vierte Gruppe des periodischen Systems. 10. Fünfte, sechste und siebente Gruppe des periodischen Systems. 11. Achte Gruppe des periodischen Systems. IV. Teil: *Die Sinterwerkstoffe der Technik.* 12. Die hochschmelzenden Metalle und ihre Legierungen. 13. Sinterhartmetalle. 14. Gesinterte Kontaktbaustoffe. 15. Poröse Sinterkörper für Lager, Filter usw. Massive Sinterlager. 16. Magnetische Sinterwerkstoffe. 17. Diamantmetallegierungen. 18. Zahnamalgame. Schrifttumsergänzungen zur zweiten Auflage. Namen- und Sachverzeichnis.

Meyer, August F., ehem. Direktor der Chemnitzer Wasserwerke, **Fritz Langbein,** Oberbaurat a. D., ehem. Direktor der Berliner Stadtentwässerung, **Hellmuth Möhle,** Regierungsbaumeister a. D., Verbandsdirektor des Wupperverbandes, **Trinkwasser und Abwasser** in Stichwörtern. Mit einem Anhang: Die wichtigsten fremdsprachlichen Fachausdrücke. Mit 152 Abbildungen, IV, 487 Seiten. 1949. DMark 24.—; Ganzleinen DMark 26.—

Aus den Besprechungen. Das vorliegende Werk ist ein Überblick über die im Wasserversorgungs- und Abwasserwesen gebräuchlichsten Ausdrücke. Es stellt somit im Rahmen des Wasserwesens ein Wörterbuch dar, das sich auf das Trink-, Gebrauch- und Abwasser, sowie auf einzelne Grenzgebiete erstreckt. Auf wichtigstes Schrifttum ist durch Fußnoten hingewiesen. Das Wörterbuch wird in erster Linie dem praktischen Gebrauch dienen und allen denen, die mit den einschlägigen Fragen zu tun haben, ein wertvolles Nachschlagewerk sein.   *„Die Baurundschau."*

Mineralöle und verwandte Produkte. Ein Handbuch für das Laboratorium. Herausgegeben von Professor Dr. **C. Zerbe**-Hamburg.

Unter der Presse.

Niezoldi, Otto, Chem.-Ing., ehemals Leiter des chemischen, metallographischen und röntgenographischen Laboratoriums der Firma Rheinmetall-Borsig AG. Werk Borsig, Berlin-Tegel, **Ausgewählte chemische Untersuchungsmethoden für die Stahl- und Eisenindustrie.** Vierte, vermehrte und verbesserte Auflage. VII, 184 Seiten. 1949.   DMark 9.60

Das Werk zerfällt in vier Teile: 1. Stahl und Eisen ausschließlich Ferrolegierungen; 2. Metalle und Legierungen; 3. Betriebsstoffe, insbesondere Brennstoffe, Schlacken, Zuschläge und feuerfeste Baustoffe, ausschließlich Ölprüfungen. Letztere sind genormt und eingehend in den Richtlinien für den Einkauf und die Prüfung

[Niezoldi, Ausgewählte chemische Untersuchungsmethoden für die Stahl- und Eisenindustrie.]
von Schmiermitteln beschrieben; 4. Lösungen: Bereitung und Titerstellung der Lösungen zur Maßanalyse, Herstellung sämtlicher für die Analysen notwendiger Reagenzlösungen.

Petroleum-Ingenieur, Der. Ein Lehr- und Hilfsbuch für die Erdöl-industrie. Unter Mitwirkung von Dr.-Ing. F. Schlosser-Berlin-Dahlem, Dr.-Ing. St. Szász, früher Lindau/B., Dr.-Ing. W. Wachs-Berlin-Dahlem, Dr.-Ing. A. Zwergal-Berlin-Dahlem. Herausgegeben von Dr.-Ing. **Hans Umstätter,** Chemisch-Technische Reichsanstalt vereinigt mit dem Material-prüfungsamt Berlin-Dahlem. Mit 234 Abbildungen und einer Tafel. XII, 552 Seiten. 1951.   Ganzleinen DMark 46.50

Inhaltsübersicht: Einleitung. *I. Produktion:* Geographie und Geologie des Petroleums. Prospektion, Exploration und Exploitation. Lagerung, Transport und Feuerschutz. Entgasung, Entsalzung und Entwässerung. Untersuchung und Klassi-fizierung der Rohöle. *II. Fabrikation:* A. Physikalische Verfahren: Destillation. Kristallisation. Filtration. Sedimentation. Mischung. Automatische Kontrolle und Regelung des Betriebes. B. Physikalisch-chemische Verfahren: Adsorption. Raffination. Laugen und Süßen. Selektive Solventextraktion. Anwendung von Inhibitoren. Anwendung von Dopes. C. Chemische Prozesse: Kracken und Refor-men. Hydrieren und Reduzieren. Kondensation und Polymerisation. Blasen und Oxydieren. Feuerungstechnik. Abfallstoff-Verwertung. *III. Expedition:* Gase und Dämpfe. Otto- und Dieseltreibstoffe, Leuchtöle. Isolieröle. Schmieröle. Heizöle und Kunstöle. Konsistente Fette und Vaseline. Paraffin und Ceresin. Phenole und Naphthensäuren. Bitumen und Asphalt. Koks und Briketts. Schädlings- und Seuchenbekämpfungsmittel. Anhang: Tabellen. Namen- und Sachverzeichnis.

Piwowarsky, Dr.-Ing. habil. Eugen, ord. Professor der Eisenhüttenkunde, Direktor des Instituts für allgemeine Metallkunde und das gesamte Gießerei-wesen der Rheinisch-Westfälischen Technischen Hochschule Aachen, **Hochwertiges Gußeisen (Grauguß),** seine Eigenschaften und die phy-sikalische Metallurgie seiner Herstellung. Zweite, verbesserte Auflage. Mit 1063 Abbildungen im Text. Etwa 1080 Seiten. 1951. Erscheint etwa im April 1951.   Ganzleinen etwa DMark 135.—

Inhaltsübersicht: I. Einleitung. II. Die konstitutionellen Grundlagen der Eisen-Kohlenstofflegierungen. III. Über molekulare Eigenheiten kohlenstoffhaltiger Lösungen. IV. Der Einfluß des Siliziums auf die Gleichgewichts- und Graphiti-sierungsvorgänge. V. Der Mechanismus der Graphitisierung siliziumhaltigen Guß-eisens. VI. Die strukturelle Beherrschung der metallischen Grundmasse. VII. Die Primärkristallisation des Gußeisens. VIII. Der Einfluß der ständigen Eisenbe-gleiter. IX. Der Einfluß der Gase. X. Technologische Eigenschaften flüssiger und erstarrender Eisen-Kohlenstofflegierungen. XI. Die mechanischen und elasti-schen Eigenschaften des Gußeisens. XII. Die physikalischen Eigenschaften des Gußeisens. XIII. Verhalten des Gußeisens bei hohen und tiefen Temperaturen. XIV. Technologische Eigenschaften des festen Gußeisens. XV. Die chemischen Eigen-schaften des Gußeisens. XVI. Der zusätzliche Oberflächenschutz von Gußeisen. XVII. Festigkeitseigenschaften von Grauguß und Temperguß nach Vorkorrosion.

[Piwowarsky, Hochwertiges Gußeisen.]
XVIII. Der Einfluß thermischer Nachbehandlungen auf die Gefügeänderungen und die Eigenschaften perlitischer Grundmassen (Härtungs- und Glühprozesse). XIX. Legiertes Gußeisen. XX. Die spanlose Verformung des Gußeisens. XXI. Das Schweißen von Gußeisen. XXII. Fehlerquellen bei der Gefügeuntersuchung von Gußeisen. XXIII. Das Schmelzen von Gußeisen im Kupolofen. XXIV. Andere Schmelzöfen. XXV. Einige besonders wichtige Anwendungsgebiete des Gußeisens XXVI. Gießen und Schweißen. XXVII. Anhang. Sachverzeichnis.

Rapatz, Professor Dr.-Ing. Franz, Stahlwerk Gebr. Böhler & Co. A.-G., Kapfenberg (Steiermark), **Die Edelstähle.** Vierte, verbesserte und erweiterte Auflage. Unter Mitwirkung von Dr.-Ing. Helmut Krainer und Dipl.-Ing. Joseph Frehser, Stahlwerk Gebr. Böhler & Co. A.-G., Kapfenberg (Steiermark). Mit etwa 325 Abbildungen und etwa 113 Zahlentafeln. Etwa 728 Seiten. Erscheint etwa im Mai 1951.

Ganzleinen etwa DMark 43.50

Die Einteilung des Buches ist gegenüber der dritten Auflage im wesentlichen dieselbe geblieben. Hingegen wurde der Inhalt der einzelnen Abschnitte vielfach geändert und erweitert. Einen größeren Umfang bekamen die Abschnitte über Baustähle, Stahlfehler und andere. Neu aufgenommen wurden Abschnitte über Karbide, Sinterstähle, Stahlguß, Stähle in der Kälte.

Trotz der Fülle des Stoffes hat der Verfasser es verstanden, in einem Buch von dem vorliegenden Umfang das gesamte Gebiet unterzubringen, weil es wünschenswert ist, ein Werk zur Hand zu haben, das einen zusammenfassenden Überblick über den ganzen Gegenstand gestattet.

Inhaltsübersicht: Einleitung. Gefügelehre. Wärmebehandlung. Warmformgebung. Kaltverformung — Rekristallisation. Allgemeines über die Wirkung der Legierungselemente. Die Karbide. Stähle nach Legierungselementen geordnet. Stähle nach Verwendungsgebieten geordnet. Erzeugnisse nach Sonderverfahren. Andere Gebrauchseigenschaften. Stahlfehler. Erzeugung. Namen- und Sachverzeichnis.

Reppe, Walter, Dr. phil. Dr. phil. nat. h. c., Dr.-Ing. e. h., Direktor der Badischen Anilin- und Sodafabrik Ludwigshafen a. Rhein, Leiter der Forschungslaboratorien, **Neue Entwicklungen auf dem Gebiete der Chemie des Acetylens und Kohlenoxyds.** Mit 40 Textabbildungen. VIII, 184 Seiten. 1949.

DMark 21.—; Ganzleinen DMark 24.60

Als „Reppe-Chemie" oder „Die Neue Chemie" wird in der Fachwelt kurzweg der Kreis von Forschungs- und Entwicklungsarbeiten bezeichnet, durch die der derzeitige Leiter des wissenschaftlichen Hauptlaboratoriums der Badischen Anilin- und Sodafabrik weltbekannt geworden ist. Seiner genialen Unvoreingenommenheit und unermüdlichen Zähigkeit verdankt die Organische Chemie eine ungeahnte Ausweitung der synthetischen Möglichkeiten. Von diesen Untersuchungen, vor wenigen Jahren noch Betriebsgeheimnis und nur durch Patentschriften in groben Umrissen bekannt, ist erst nach Kriegsende durch die sofort einsetzende Exploration durch die Siegermächte der Schleier gezogen worden. Das vorliegende Werk ist die erste größere systematische Darstellung, die der Erfinder selbst der weiteren Fachwelt bietet. Es geht jeden Chemiker, insbesondere jeden organischen Chemiker an.

Riediger, Bruno, Ing., Dr. techn. Dr. jur., **Brennstoffe, Kraftstoffe, Schmierstoffe.** Eine Einführung in ihre Chemie und Technologie für Ingenieure. Mit 83 Abbildungen und 36 Zahlentafeln. XII, 484 Seiten. 1949.
DMark 33.—; Halbleinen DMark 35.40

Ryschkewitsch, Dr. Eugen, **Oxydkeramik der Einstoffsysteme** vom Standpunkt der physikalischen Chemie. Mit 132 Abbildungen. VI, 280 Seiten. 1948.
DMark 36.—

Aus dem Vorwort: Das vorliegende Buch bildet den ersten Versuch, das neue Gebiet der Oxydkeramik, an deren Ausbau der Autor durch eigene mehrjährige Arbeiten beteiligt war, zusammenfassend zu schildern. Der eingenommene Standpunkt der physikalischen Chemie des festen Zustandes führte zur Auffassung, daß zwischen den oxydischen Systemen einerseits und den vielfach besser erforschten und technisch beherrschten metallischen Systemen andererseits innere Zusammenhänge existieren. Insofern erscheint es berechtigt, von der „Keramographie" solcher oxydisch-keramischen Systeme zu sprechen, im gleichen Sinne wie von der Metallographie auf dem Gebiete der Metallkunde. Die Verfolgung der keramographischen Gesichtspunkte scheint geeignet, manche neuen Erkenntnisse und weiteren Zusammenhänge zutage zu fördern.

Salmang, Professor Dr. Hermann, Maastricht, **Die physikalischen und chemischen Grundlagen der Keramik.** Zweite, verbesserte Auflage. Mit 114 Abbildungen und 1 Tafel. VII, 321 Seiten. 1951.

Ganzleinen DMark 27.—

Inhaltsübersicht: *I. Strukturen:* 1. Die Struktur der Silikate. 2. Die Struktur der Gläser. *II. Chemie und Physik der Tone*: 1. Einteilung und Muttergesteine. 2. Entstehung der Tonarten. 3. Die Keramik der Tone: A. Die Tonarten der keramischen Praxis. B. Mineralstruktur der Tone. C. Färbung der Tone. D. Teilchengröße. E. Ton und Wasser. F. Chemie der Tone. G. Trocknung. H. Verhalten der Tone beim Erhitzen. I. Bildung des keramischen Scherbens. — *III. Keramik der Kieselsäure:* 1. Vorkommen in der Natur. 2. Modifikationen. 3. Längenänderungen beim Erhitzen. 4. Die Quarzumwandlung. 5. Verhalten von Quarz in keramischen Massen. *IV. Feldspat. V. Glasuren. VI. Einteilung der keramischen Erzeugnisse. VII. Ziegel. VIII. Feuerfeste Stoffe:* 1. Schamottesteine: A. Verformungsverfahren. B. Einzelheiten einiger Formverfahren. C. Die Eigenschaften feuerfester Stoffe (besonders der Schamottesteine). 2. Silikatsteine: A. Herstellung und Eigenschaften. B. Silikatsteine im Betrieb. C. Tondinas. 3. Keramische Isolierstoffe. 4. Magnesitsteine. Forsterit. 5. Dolomit. 6. Chromhaltige Steine. 7. Siliziumkarbid. 8. Hochfeuerfeste Oxydmassen. 9. Kohlenstoff. *IX. Terrakotten und Steingut. X. Steinzeug XI. Porzellan:* 1. Entstehung des Scherbens. 2. Konstitution. 3. Transparenz und Farbe. 4. Porosität. 5. Wärmeausdehnung. 6. Festigkeit. *XII. Elektrische Isolierstoffe:* 1. Elektroporzellan. 2. Steatit, Cordierit. 3. Titan- und zirkonhaltige Dielektrika. Namen- und Sachverzeichnis.

Schäfer, Dr. Klaus, o. Professor für physikalische Chemie an der Universität Heidelberg, **Physikalische Chemie.** Mit 71 Abbildungen. Etwa 300 Seiten.

Unter der Presse. Erscheint etwa im Mai 1951.

Schmidt, E. / J. **Gadamer, Anleitung zur qualitativen Analyse.** Vierzehnte Auflage. Bearbeitet von Dr. **F. v. Bruchhausen,** o. ö. Professor der pharmazeutischen Chemie, Braunschweig. Mit 8 Tabellen. VIII, 109 Seiten. 1948.

DMark 7.50

Inhaltsübersicht: *Einleitung. Reaktionen:* Reaktionen der wichtigeren Basen. Gruppe der Alkalimetalle. Gruppe der Erdalkalimetalle. Magnesiumverbindungen. Metalle der Ammoniumsulfidgruppe. Metalle der Schwefelwasserstoffgruppe. Reaktionen der wichtigeren Säuren. *Methoden der qualitativen Untersuchung von Substanzen:* Vorprüfung. *Eigentliche Analyse:* Auflösung oder Aufschließung der Substanz. Untersuchung der erhaltenen Lösungen. Untersuchung des in Säuren Unlöslichen. Untersuchung der Säuren. *Anhang:* Reaktionen einiger seltener Elemente. Reaktionen einiger organischer Säuren. Grundzüge der Analyse von Substanzen, Mineralien usw. Sachverzeichnis.

Siegel, Dr.-Ing. Heinz, Düsseldorf-Oberkassel, **Das Elektrostahlverfahren.** Ofenbau, Elektrotechnik, Metallurgie und Wirtschaftliches. Nach F. T. Sisco „The Manufacture of Elektric Steel". Zweite, deutsche, erweiterte Auflage. Mit 140 Abbildungen. XI, 432 Seiten. 1951. Erscheint etwa im April 1951.

Ganzleinen etwa DMark 30.—

[Siegel, Das Elektrostahlverfahren.]

Inhaltsübersicht: *A. Einführende Betrachtungen:* Die Entwicklung des Elektrostahlverfahrens. Die Lichtbogenöfen. Die Induktionsöfen. *B. Der Lichtbogenofen:* Die bauliche Gestaltung der Lichtbogenöfen. Die elektrische Ausrüstung der Lichtbogenöfen. Die Elektroden. Die Energiewirtschaft des Elektrostahlofens. *C. Der kernlose Induktionsofen. D. Verschiedene Öfen. E. Gesichtspunkte für den Bau neuer Elektrostahlwerke. F. Die feuerfesten Baustoffe für den Elektrostahlofen. G. Die Einsatzstoffe und die Schlackenbildner. H. Die Metallurgie des Lichtbogenofens:* Die allgemeine Schmelzungsführung bei festem Einsatz. Die Kochvorgänge beim basischen Verfahren. Die Feinungsvorgänge beim basischen Verfahren. Die Abarten des Einschmelzens. Die Abarten des Kochens. Der Betrieb bei flüssigem Einsatz. Die Besonderheiten bei der Herstellung einzelner Stahlsorten. Saurer Elektrostahl. *J. Die Metallurgie des kernlosen Induktionsofens. K. Gegenüberstellung des Betriebes der Lichtbogenöfen und der kernlosen Induktionsöfen. Weitere Entwicklung. L. Selbstkostenwesen im Elektrostahlbetrieb.* Sachverzeichnis.

Aus

Sitzungsberichte der Heidelberger Akademie der Wissenschaften, Mathematisch-naturwissenschaftliche Klasse.

Jahrgang 1948.

3. Abhandlung: **Entwicklung und Ergebnisse der Chemotherapie.** Von **P. Uhlenhuth.** 37 Seiten. 1948. DMark 2.—

Jahrgang 1950.

2. Abhandlung: **Friedrich Nietzsches Naturbeflissenheit.** Von **A. Mittasch.** 102.Seiten. 1950. DMark 8.80

[B] **Souci,** Professor Dr. S. Walter, **Anleitung zum Praktikum der analytischen Chemie.** Unter Mitwirkung von Dozent Dr. Heinrich Thies und Professor Dr. Dr. Franz Fischler.

Erster Teil: **Praktikum der qualitativen Analyse.** Fünfte Auflage. Mit 2 Abbildungen. VIII, 143 Seiten. 1949. (Mit Schreibpapier durchschossen.) DMark 6.50

Zweiter Teil: **Ausführung qualitativer Analysen.** Fünfte Auflage. XII, 127 Seiten. 1949. DMark 5.40

Die Anleitung zum Praktikum der analytischen Chemie ist aus der langjährigen praktischen Erfahrung entstanden, die sich im analytisch-chemischen Praktikum am Institut für Pharmazeutische und Lebensmittelchemie der Universität München bei der Unterrichtung der Studierenden herausgebildet hat. — Die Anleitung verfolgt den Zweck, dem Studierenden in möglichst kurzer Ausbildungzeit ein ausreichendes Maß an Wissen und Können auf dem Gebiete der analytischen Chemie zu vermitteln und ihm dabei gleichzeitig sichere Grundlagen für sein späteres Studium zu geben. Diesem Zweck entsprechend beschränkt sich der Inhalt auf die Bedürfnisse des Praktikums, wobei jedoch auf die eingehende und gründliche Behandlung des ausgewählten Stoffes besonderer Wert gelegt ist.

Staudinger, Dr. Hermann, o. ö. Professor der Chemie, Direktor des Chemischen Universitätslaboratoriums und des Forschungsinstituts für makromolekulare Chemie in Freiburg i. Br., **Anleitung zur organischen qualitativen Analyse.** Fünfte Auflage. Unter Mitarbeit von Dr. **Werner Kern,** pl. a. o. Professor für organische Chemie an der Universität Mainz. XII, 162 Seiten. 1948. DMark 8.40

Inhaltsübersicht: *Allgemeiner Teil. Spezieller Teil.* Vorprüfung. Hauptprüfung. *L. F. Leichtflüchtige Verbindungen* (organische Lösungsmittel): L. F. I. In Äther lösliche, in Wasser schwerlösliche Verbindungen. L. F. II. In Äther und Wasser leichtlösliche Verbindungen. L. F. III. In Äther unlösliche, in Wasser lösliche Verbindungen. L. F. IV. In Äther und Wasser unlösliche Verbindungen. L. F. V. Durch Wasser zersetzliche Verbindungen. *S. F. Schwerflüchtige Verbindungen:* S. F. I. In Äther leicht-, in Wasser schwer- oder nichtlösliche Substanzen. Säuren und Phenole mit stark saurem Charakter. Phenole, Naphthole und Enolverbindungen sowie Säureimidderivate mit saurem Charakter. Basen. Neutrale organische Substanzen und sehr schwache Basen. S. F. II. In Wasser und Äther leichtlösliche Substanzen. S. F. III. In Wasser leicht-, in Äther schwer- oder nichtlösliche Substanzen. S. F. IV. In Äther und Wasser schwer- oder nichtlösliche Substanzen. S. F. V. Durch Wasser zersetzliche Substanzen oder solche, die durch verdünnte Alkalien und Säuren verändert werden. Trennungstabellen 1—8. Sachverzeichnis.

Taschenbuch für Chemiker und Physiker. Herausgegeben von Dr.-Ing. **Jean D'Ans**, Professor an der Technischen Universität Berlin-Charlottenburg, und Dr. phil. **Ellen Lax,** Physikerin in Berlin. Zweite, berichtigte Auflage. Mit 350 Abbildungen und graphischen Darstellungen. VIII, 1896 Seiten. 1949. Ganzleinen DMark 36.—

Das Taschenbuch für Chemiker und Physiker ist seit Jahren weiten Kreisen von Wissenschaftlern und Praktikern zu einem unentbehrlichen Vademekum für die Laboratoriumspraxis geworden. Da eine Neubearbeitung, die den praktischen Bedürfnissen und der wissenschaftlichen Entwicklung Rechnung trägt, längere Vorbereitungsarbeit erfordert, wird den vielfach geäußerten dringenden Wünschen durch Vorlage eines berichtigten Neudrucks entsprochen.

Technologie, Chemische, der Kunststoffe in Einzeldarstellungen. Herausgegeben von Dipl.-Ing. Dr. techn. **F. Kainer**-Reicholzheim a. d. Tauber.

Polyvinylchlorid. Von Dipl.-Ing. Dr. techn. **F. Kainer**-Reicholzheim a.d.Tauber. Unter der Presse.

In Vorbereitung:

Polystyrol. Von Dr. **H. Ohlinger**-Ludwigshafen, und Oberingenieur **H. Beck**-Ludwigshafen.

Aminoplaste. Von Dr. **A. M. Paquin**-Delft (Holland).

Wurzschmitt, Dipl. chem. Dr. phil. Bernhard, **Systematik und qualitative Untersuchung capillaraktiver Substanzen.** (Sonderausgabe aus „Fresenius' Zeitschrift für analytische Chemie", 130. Band, 2./3. Heft.) Mit 1 Textabbildung. 81 Seiten. 1950. DMark 12.60

Von der vorliegenden Arbeit, zuerst veröffentlicht in FRESENIUS' Zeitschrift für analytische Chemie, wurde eine Sonderausgabe veranstaltet, weil es sich um eine grundlegende Untersuchung von höchster Wichtigkeit für die Praxis handelt. Sie ist der Niederschlag von Tausenden von Einzelversuchen, unternommen mit dem Ziel, ein zuverlässiges und doch einfaches Verfahren zur Erkennung und Bestimmung von synthetischen Waschmitteln und verwandten Textilhilfsmitteln zu entwickeln, die gewöhnlich nicht in Form einheitlicher Verbindungen vorliegen, sondern schwierig zu trennende Gemische darstellen. Der Verfasser hat diese Aufgabe gelöst, und es ist als besonderes Verdienst anzusehen, daß er die Ergebnisse seiner Arbeit den zahlreichen Interessenten zugänglich machte.

—, **Nachweis und Bestimmung organischer Verbindungen.** In Vorbereitung.

Mineralogie. Geologie

Correns, Dr. phil. Carl W., o. ö. Professor der Mineralogie und Petrographie
an der Universität Göttingen, **Einführung in die Mineralogie** (Kristallographie und Petrologie). Mit 405 Textabbildungen und 1 Tafel. VIII,
414 Seiten. 1949.   DMark 38.—; Ganzleinen DMark 41.60

Aus dem Vorwort: Eine Einführung in das Gesamtgebiet der Mineralogie
einschließlich der Kristall-, Gesteins- und Lagerstättenkunde zu schreiben, mag
manchem heute vermessen erscheinen. Daß der Verfasser dieses Gebiet seit
22 Jahren regelmäßig in Vorlesungen und Übungen vertreten hat, ist in seinen
Augen kein ausreichender Grund dafür. Die Veranlassung, sich dieser Aufgabe
zu unterziehen, war vielmehr die Notwendigkeit, für die Studierenden dieses Faches
und vor allem der Nachbarfächer ein handliches Buch zu schaffen. Aus diesem
Grunde wurde die Umgrenzung des Stoffes so gewählt, wie der Lehrauftrag an den
deutschen Universitäten lautet. — So will das Buch zu einem Verständnis der
Mineralogie hinführen, aber nicht ein systematisches Lehrbuch ersetzen. Im Vordergrund stand bei der Abfassung der Wunsch, die Grundlagen für eine genetische
Betrachtung der Kristalle und Gesteine zu liefern. Um Platz für die Behandlung
dieser Fragen zu gewinnen, wurden die speziellen Teile in Tabellenform im Anhang
gebracht, und ich möchte glauben, daß für den gewöhnlichen Studenten die 300 Minerale (522 Mineralnamen) genügen und die 93 Gesteinstypen wenigstens einen Überblick über die Mannigfaltigkeit geben werden.

Inhaltsübersicht. *1. Teil*: *Kristallographie:* I. Kristallmathematik. II. Kristallchemie. III. Kristallphysik. IV. Kristallwachstum und -auflösung. *2. Teil.*
Petrologie: V. Einige physikalisch-chemische Grundlagen. VI. Die magmatische
Gesteinsbildung. VII. Verwitterung und Mineralbildung im Boden. VIII. Die
sedimentäre Gesteinsbildung. IX. Die metamorphe Gesteinsbildung. X. Geochemische Ergänzungen. *3. Teil. Anhang:* A. Kristallographische Tabellen.
B. Übersicht über häufigere Minerale und ihre Eigenschaften. C. Petrologische
Tabellen. D. Literatur. Sach- und Autorenverzeichnis.

Geologie, Mineralogie und Lagerstättenlehre. Eine Einführung für Bergschüler,
Gruben- und Vermessungsbeamte, Studierende des Bergbaus, des Baungenieurwesens und der Naturwissenschaften. Von Professor Dr. **Paul
Kukuk,** Bergassessor a. D. Mit 370 Abbildungen. Etwa 320 Seiten.
Ganzleinen DMark 28.50

Der Verfasser bietet mit diesem neuen Lehrbuch einen auf wissenschaftlicher
Grundlage aufgebauten, leicht faßlichen Überblick über die wichtigsten naturwissenschaftlichen und bergbaugeologischen Grundlagen und Erkenntnisse dieser drei
Stoffgebiete.

[Kukuk, Geologie, Mineralogie und Lagerstättenlehre.]

Inhaltsübersicht: *Geologie*. Einleitung. I. Allgemeine (dynamische) Geologie: Der Erdkörper. Die an der Ausformung der Erdoberfläche beteiligten geologischen Kräfte und ihre Wirkungen. II. Besondere (historische) Geologie oder Formationslehre (Stratigraphie): Einführung. Die fossilen Pflanzen- und Tierreste und ihre Bedeutung für die Gliederung der Sedimentgesteine (Versteinerungslehre). Einteilung der Erdgeschichte und Untergliederung. *Mineralogie*. I. Allgemeine Mineralogie: Von den Kennzeichen der Mineralien. Grundbegriffe. Die physikalischen Eigenschaften der Mineralien. Die chemischen Eigenschaften der Mineralien. Entstehung der Mineralien. II. Spezielle Mineralogie: Beschreibung der einzelnen Mineralien. Einteilung der Mineralien. Die einzelnen Mineralien. *Lagerstättenlehre*. I. Allgemeiner Teil: Begriff der Lagerstätten. Einteilung der Minerallagerstätten. Aufsuchen von Lagerstätten. II. Besonderer Teil: Die wichtigsten Lagerstätten des deutschen Raumes. Kohlenlagerstätten. Erzlagerstätten. Stein- und Kalisalzlagerstätten. Erdöllagerstätten. Sonstige Mineralien, nutzbare Gesteine und Erden. Erdgasvorkommen. Edel- und Schmucksteine. Schrifttumsverzeichnis. Sachverzeichnis.

Mineralogie und Petrographie in Einzeldarstellungen. Herausgegeben von F. K. Drescher-Kaden und O. H. Erdmannsdörffer.

Erster Band: **Die Feldspat-Quarz-Reaktionsgefüge der Granite und Gneise** und ihre genetische Bedeutung. Von Professor Dr. **F. K. Drescher-Kaden**-München. Mit 210 Textabbildungen. XI, 259 Seiten. 1948.

DMark 39.—

In der vorliegenden Arbeit wurde der Hauptwert der ganzen Darstellung auf eine treue Wiedergabe des Beobachtungsmaterials gelegt und versucht, dieses letztere so umfangreich wie möglich zu gestalten. Es sollte erreicht werden, daß einmal der Gedankengang des Autors am Objekt klar ersichtlich wurde, zugleich aber dem Leser das Material in ausreichender Weise zur Verfügung stände. — Das Material wurde durch eine fast 20jährige Sammlertätigkeit aus fast allen deutschen Mittelgebirgen, den Alpen — besonders dem Bergell und dem Tessin —, dem Grönländischen Grundgebirge und den Vogesen zusammengetragen. Dazu kam noch Material zahlreicher russischer Vorkommen.

Inhaltsübersicht: *Die Reaktionsgefüge der Feldspäte*. Myrmekit und Schriftgranit. Einkorn- und Zweikorn-Reaktionsgefüge. I. Der Myrmekit als Zweikorn-Reaktionsgefüge. 1. Das Myrmekitproblem in der Literatur. 2. Vorkommen der myrmekitischen Verwachsungsformen. 3. Myrmekit, Typ I (Prämikrokliner Myrmekit, Großkornmyrmekit). 4. Myrmekit. Typ II (Postmikrokliner Myrmekit Kleinkornmyrmekit). 5. Reaktionsgefüge und Korrosionsmerkmale an Einschlüssen basischer und quarzporphyrischer Gänge. II. Die Genese des Myrmekits. III. Schriftgranit und Schriftpegmatit als Einkorn-Reaktionsgefüge. 1. Die älteren Arbeiten über das schriftgranitische Kristallwachstum. 2. Neuere Beobachtungen an Schriftgranit und den schriftgranitartigen Verwachsungen. IV. Genetische Fragen. — Reaktionsgefüge und Metasomatose. 1. Die Bildungsweise der Quarzstengel. 2. Die Arten des metasomatischen Ersatzes. Die Herkunft des Quarzes. 3. Petrogenetische Schlußfolgerungen. 4. Vergleichung der schriftgranitischen mit der myrmekitischen Kristallisation. V. Die Feldspatisierung des Quarzes und die Entstehung granophyrischer Strukturen. *Die Kristalloblastese und ihre Beziehung zu Reaktionsgefügen*. I. Die Raumfrage des wachsenden Kristalls. — Chemische Umformung des Korngefüges. II. Das Verhalten des wachsenden Kristalloblasten gegen die Kornarten des Grundgewebes. III. Der Muskovit-Zoisit-Zerfall der Feldspäte am Beispiel der

[Mineralogie und Petrographie in Einzeldarstellungen.]

Protogine. *Schlußbetrachtungen.* Die Myrmekit- und Schriftquarzbildung als Ergebnis der oszillierenden Hydrothermalperioden granitischer Gesteinsgenese. I. Der Gegensatz von Erstarrungsgesteins- und Granitstruktur. II. Der genetische Zusammenhang zwischen der Gangbildung der Granite und ihrer Muttergesteinskristallisation. Literaturübersicht. Register und Schlagwortverzeichnis.

Als zweiter Band ist vorgesehen:

Die Feldspate. Von Dr. **A. Köhler,** Professor der Mineralogie und Petrographie an der Universität Wien.

Schroeder, Robert, Assistent am Mineralogischen Institut der Universität Heidelberg, **Krystallometrisches Praktikum.** Grundbegriffe und Untersuchungsmethoden. Mit 156 Abbildungen. VIII, 199 Seiten. 1950.

Steif geheftet DMark 15.60

Die Krystallometrie umfaßt alle jene Eigenschaften und sich daraus ergebenden Disziplinen, die mit der äußeren Gestalt der Krystalle zusammenhängen.

Es wurden zuerst die für die Erklärung dieser morphologischen Eigenschaften notwendigen Grundbegriffe besprochen, anschließend daran die Methoden, die nötig sind, um zur Erkenntnis dieser Krystallmorphologie zu gelangen. Sie wurden so dargestellt, daß der Leser imstande ist, ohne allzu viele theoretische Betrachtungen den Inhalt der einzelnen Kapitel leicht und sicher zu verstehen und ausführen zu können, es wurden deshalb stets einige Beispiele gegeben.

Die kurze geschichtliche Einleitung zu den einzelnen Kapiteln will dem Leser eine Einführung geben, wie man sich zu den aufeinanderfolgenden Zeiten die beste Lösung und die geeignetste Darstellung jener Lösungen gedacht hat.

Inhaltsübersicht: *Einleitung. Die krystallographischen Grundbegriffe und ihre geschichtliche Entwicklung:* Einteilungsprinzip der Krystalle. Die krystallographischen Elemente. Die krystallographischen Symbole. Zwillinge. Über Komplikation. *Messen, Zeichnen und Berechnen der Krystalle:* Über Projektionen. Messen der Krystalle. Über graphische Krystallberechnung. Arithmetische Berechnung der Krystalle. Zeichnen der Krystalle. Krystallmodelle. Anhang. Sehnen- und Tangententabelle. Literaturverzeichnis. Sachverzeichnis.

Aus

Sitzungsberichte der Heidelberger Akademie der Wissenschaften, Mathematisch-naturwissenschaftliche Klasse.

Jahrgang 1949.

2. Abhandlung: **Beiträge zur Petrographie des Odenwaldes III: Über Flasergranite und Böllsteiner Gneis.** Von **O. H. Erdmannsdörffer.** Mit 4 Textabbildungen. 12 Seiten. 1949.

DMark 1.20

11. Abhandlung: **Beiträge zur Geologie und Paläontologie des Tertiärs und des Diluviums in der Umgebung von Heidelberg,** Ursus (Plionarctos) stehlini Kretzoi, der kleine Bär aus den altdiluvialen Sanden von Mauer-Bammental und Mainz-Wiesbaden. Von **F. Heller.** Mit 9 Textabbildungen und 6 Maßtabellen. 60 Seiten. 1949.

DMark 4.80

Winkler, Dr. phil. Helmut G. F., a. o. Professor der Mineralogie und Krystallographie an der Universität Göttingen, **Struktur und Eigenschaften der Krystalle.** Eine Einführung in die physikalische und chemische Krystallkunde. Mit 62 Abbildungen, 78 Tabellen und 1 Tafel. VIII, 258 Seiten. 1950. Steif geheftet DMark 16.80

Das Buch ist aus den Göttinger Vorlesungen des Verfassers entstanden. Die Aufnahme, die diese Vorlesungen gefunden haben, veranlaßten ihn, sie in erweiterter Form einem breiteren Kreis krystallkundlich interessierter Naturwissenschaftler als Buch zugänglich zu machen. Das Arbeitsgebiet liegt auf den Grenzen zwischen Krystallographie einerseits und Chemie, Physik, physikalischer Chemie, Metallkunde und Mineralogie andererseits. Es erstreckt sich daher über sehr viele Einzelprobleme, aus denen hier eine Auswahl getroffen wurde. Es werden jedoch die Zusammenhänge zwischen Struktur und Eigenschaften der Krystalle derart aufgezeigt, daß die Schrift eine „Einführung in die Krystallchemie und Krystallphysik" darstellt. Die Darstellung gliedert sich in zwei Hauptteile. Im ersten, ausgehend von der Krystallstruktur, wird eine Anzahl verschiedener Eigenschaften der Krystalle behandelt, während im zweiten Teil, ausgehend von jeweils einer bestimmten Eigenschaft, gezeigt wird, wie sich diese bei verschiedenen Krystallstrukturen äußert. Durch diese Art der Darstellung werden sozusagen zwei verschieden orientierte Querschnitte durch das Gebiet der physikalischen und chemischen Krystallkunde gelegt, wodurch eine bessere Übersichtlichkeit und Klarheit erstrebt wird.

Inhaltsübersicht: *Einführung.* Gesetzmäßigkeiten aus der Frühzeit der Krystallchemie. Was ist ein Krystall? Eigenschaften, deren Richtungsabhängigkeit im Krystall bereits durch die Makrosymmetrie beschrieben werden kann. Krystallklassen und Eigenschaften (Tabelle). *A. Krystallstruktur und Eigenschaften.* Einleitung: Der Begriff der Krystallstruktur. I. Bindungsarten: Heteropolare Bindung. Homöopolare Bindung. Gemischte Bindungen. Metallische Bindung. VAN DER WAALSsche Bindung. II. Krystallgitter und ihr Stoffbestand: Einteilungsprinzip. Isometrische Gitter. Anisometrische Gitter. Isomorphie-Beziehungen. Polymorphie. III. Ideal- und Realkrystall: Fehlordnungen. Baufehler. *B. Eigenschaft und Krystallstrukturen.* Wärmeleitung. Kompressibilität. Thermische Ausdehnung. Optische Eigenschaften. Härte. Spaltbarkeit. Anhang: *Erläuterung einiger krystallographischer Begriffe und Symbole.* Krystallsysteme. HERMANN MAUGUINsche Symbolik der Krystallklassen und Symmetrieelemente. Symbolik der Raumgruppen und ihrer speziellen Symmetrieelemente. Bezeichnung von Flächen, Flächenformen und Richtungen. Hinweise auf neuere Bücher. Tafel der Ionen- und Atomradien. Sach- und Formelverzeichnis.

Zeitschriften

Die Naturwissenschaften. Begründet von A. Berliner und C. Thesing. Unter besonderer Mitwirkung von **Erich v. Holst.** Herausgegeben von **Ernst Lamla.** Beirat: J. Bartels, E. Bederke, H. Brockmann, P. ten Bruggencate, C. W. Correns, H. v. Ficker, R. Grammel, O. Hahn, R. Harder, M. Hartmann, W. Heisenberg, K. Henke, A. Kühn, M. v. Laue, H. Martius, R. W. Pohl, H. Rein. Organ der Max-Planck-Gesellschaft zur Förderung der Wissenschaften. Organ der Gesellschaft Deutscher Naturforscher und Ärzte. Erscheinen zweimal monatlich.

Vierteljährlich DMark 12.—
Einzelheft DMark 2.50

Die Mitglieder der Gesellschaft Deutscher Naturforscher und Ärzte erhalten die Zeitschrift bei direktem Bezug vom Verlag mit einem Nachlaß von 20%.
Siehe auch Seite 96 und 3. Umschlagseite.

Mathematische Annalen. Begründet 1868 durch Alfred Clebsch und Carl Neumann. Fortgeführt durch Felix Klein, David Hilbert, Otto Blumenthal, Erich Hecke. Gegenwärtig herausgegeben von **Heinrich Behnke**-Münster i. Westf., **Richard Courant**-New York, **Heinz Hopf**-Zürich, **Kurt Reidemeister**-Marburg (Lahn), **Franz Rellich**-Göttingen, **Bartel L. van der Waerden**-Amsterdam. Erscheinen zwanglos in Heften, die zu Bänden von 30—40 Bogen vereinigt werden.   Preis des Bandes DMark 96.—

Mathematische Zeitschrift. Unter ständiger Mitwirkung von E. Kamke-Tübingen, R. Nevanlinna-Helsinki, E. Schmidt-Berlin, F. K. Schmidt-Münster, H. Wielandt-Mainz. Herausgegeben von **K. Knopp**-Tübingen. Wissenschaftlicher Beirat: W. Blaschke, L. Fejér, G. Herglotz, A. E. Ingham, H. Kneser, O. Perron, W. Süß, H. Weyl. Erscheint nach Maßgabe des eingehenden Materials in Heften, die zu Bänden von etwa 30—40 Bogen vereinigt werden.   Preis des Bandes DMark 96.—

Zentralblatt für Mathematik und ihre Grenzgebiete. Herausgegeben von **K. Bechert**-Mainz, **W. Blaschke**-Hamburg, **E. Bompiani**-Rom, **Ch. Ehresmann**-Strasbourg, **R. Grammel**-Stuttgart, **H. Hasse**-Hamburg, **F. Hund**-Jena, **H. Kienle**-Heidelberg, **K. Knopp**-Tübingen, **R. Nevanlinna**-Helsinki, **J. Radon**-Wien, **W. Saxer**-Zürich, **E. Schmidt**-Berlin, **F. Severi**-Rom, **B. v. Sz.-Nagy**-Szeged, **E. Ullrich**-Gießen, **E. M. Wright**-Aberdeen. Begründet von O. Neugebauer. Fortgeführt von E. Ullrich und H. Geppert. Gegenwärtig geleitet von **H. L. Schmid**, Deutsche Akademie der Wissenschaften zu Berlin, Forschungsinstitut für Mathematik. Erscheint in Heften, die zu Bänden von etwa 30 Bogen vereinigt werden.   Preis des Bandes DMark 68.—

Zeitschrift für Physik. Herausgegeben unter Mitwirkung des Verbandes Deutscher Physikalischer Gesellschaften von **M. von Laue** und **R. W. Pohl.** Erscheint nach Maßgabe des eingehenden Materials.

Preis des Bandes DMark 78.—

Zeitschrift für angewandte Physik. Herausgegeben von **W. Meissner, R. Vieweg** und **G. Joos.** Erscheint zunächst zwanglos in einzeln berechneten Heften; 12 Hefte bilden einen Band.

Ingenieur-Archiv. Unter Mitwirkung der Gesellschaft für angewandte Mathematik und Mechanik zusammen mit Professor Dr. A. Betz-Göttingen, Geh. Regierungsrat Professor Dr.-Ing. A. Hertwig-Berlin, Professor Dr.-Ing. K. Klotter-Karlsruhe i. B., Professor K. v. Sanden-Karlsruhe, Professor Dr.-Ing. E. Schmidt-Braunschweig, Professor Dr.-Ing. E. Sörensen-Augsburg herausgegeben von Professor Dr.-Ing. Dr. **R. Grammel**-Stuttgart. Erscheint nach Maßgabe des eingehenden Materials zwanglos in einzeln berechneten Heften, die zu Bänden von etwa 25 Bogen vereinigt werden.

Archiv für Elektrotechnik. Im Einvernehmen mit dem Verband Deutscher Elektrotechniker e. V. (VDE) herausgegeben von Professor Dr.-Ing. **Johannes Fischer**-Karlsruhe i. B. und Professor Dr.-Ing. **Werner Nürnberg**-Berlin. Erscheint nach Maßgabe der eingehenden Arbeiten zwanglos in einzeln berechneten Heften.

Zeitschrift für Astrophysik. Unter ständiger Mitwirkung von P. ten Bruggencate-Göttingen, O. Heckmann-Hamburg-Bergedorf, H. Kienle-Heidelberg, K. O. Kiepenheuer-Freiburg i. Br., M. Waldmeier-Zürich herausgegeben von **W. Grotrian**-Potsdam, **E. v. d. Pahlen**-Basel, **A. Unsöld**-Kiel. Erscheint nach Maßgabe des eingehenden Materials in einzelnen Heften, die zu Bänden vereinigt werden.

Preis des Bandes DMark 68.—

Meteorologische Rundschau. Organ der Meteorologischen Gesellschaft, Bad Kissingen. Herausgegeben von Dr. **Karl Keil**-Bad Kissingen. Erscheint zweimonatlich in Doppelheften.

Halbjährlich DMark 30.—

Preis des Doppelheftes DMark 12.—

Biochemische Zeitschrift. Begründet von C. Neuberg. Unter Mitwirkung zahlreicher Fachgenossen herausgegeben von **F. G. Fischer**-Würzburg, **K. Lang**-Mainz. Erscheint nach Maßgabe des eingehenden Materials in Heften, die zu Bänden vereinigt werden.

Preis des Bandes DMark 68.—

Fortschritte der chemischen Forschung. Herausgegeben von **F. G. Fischer**-Würzburg, **H. W. Kohlschütter**-Darmstadt, **Kl. Schäfer**-Heidelberg. Schriftleitung: **H. Mayer-Kaupp**-Heidelberg. Erscheinen zwanglos in einzeln berechneten Heften, von denen je vier zu einem Band von etwa 50 Bogen vereinigt werden.   Preis je Band etwa DMark 60.—

Siehe auch Seite 92!

Die „Fortschritte der chemischen Forschung" bringen Berichte monographischen Charakters über Themen aus allen Gebieten der wissenschaftlichen Chemie. Namhafte Forscher des In- und Auslands behandeln Arbeitsgebiete, zu deren Erschließung oder Entwicklung sie selbst einen entscheidenden Beitrag geleistet haben. Die Darstellung ist streng wissenschaftlich, aber derart gehalten, daß auch der auf Nachbargebieten Tätige an das Verständnis der Probleme herangeführt wird. Auf diese Weise wird versucht, einen Beitrag zur Überwindung der Fachzersplitterung zu leisten.

Band I, Heft 1/2. Mit 92 Textabbildungen. 416 Seiten. 1949.

DMark 36.—

Über die Chemie der Silicone. Von H. W. KOHLSCHÜTTER. Probleme der Wärmeleitung in Gasen bei niedrigem Druck und der Energieübertragung an festen Oberflächen. Von KL. SCHÄFER. The size and shape of protein molecules. By J. T. EDSALL. Synthesen in der Carotinoid-Chemie seit 1939. Von H. H. INHOFFEN und F. BOHLMANN. Die Trennung und Bestimmung der natürlichen Aminosäuren. Von TH. WIELAND. Counter-current distribution and some of its applications. By L. C. CRAIG. I: The isolation of active principles; Fractionation theory. II: The concept of purity in biochemistry and methods for proving purity. III: The chemistry of polypeptide antibiotics. Über den Radikalzustand ungesättigter Verbindungen. Von E. MÜLLER.

Band I, Heft 3. Mit 47 Textabbildungen. 196 Seiten. 1950.

DMark 16.—

Fortschritte in der wissenschaftlichen und praktischen Anwendung des Raman-Effektes. Von H. PAJENKAMP. Die Metallbombe als Hilfsmittel in der Elementaranalyse. Von B. WURZSCHMITT und W. ZIMMERMANN. Organische Peroxyde. Von R. CRIEGEE. Neuere Fettsäuren und Fette. Von F. L. BREUSCH.

Band I, Heft 4 (Schlußheft). Mit 67 Textabbildungen. 137, IV Seiten. 1950.   DMark 14.60

Röntgenographische Fourier-Synthese der chemischen Bindung. Von CL. PETERS. Wirkungsradien von Atomen in Molekülen (Atomkalotten und Molekülmodelle). Von G. BRIEGLEB. Esterkondensationen. Von H. HENECKA. Namen- und Sachverzeichnis zu Band 1.

Band II, Heft 1. Mit 72 Textabbildungen. 228 Seiten. 1951.   DMark 24.—

Light scattering in solutions of proteins and other large molecules. By J. T. EDSALL and W. B. DANDLIKER. Anwendung des Elektronenmikroskops in der anorganischen Chemie. Von K. BEYERSDORFER. Organische Einschluß-Verbindungen. Von W. SCHLENK jr. Wuchsstoffe und mikrobiologische Stoffwechselanalyse. Von E.-FR. MÖLLER.

Fresenius' Zeitschrift für analytische Chemie. Begründet von Remigius Fresenius. Herausgegeben von **W. Fresenius** und **A. Kurtenacker.** Erscheint nach Maßgabe des eingehenden Materials in Heften, die zu Bänden von etwa 30—40 Bogen vereinigt werden. Preis des Bandes DMark 68.—

[B] **Zeitschrift für Lebensmittel-Untersuchung und -Forschung.** Organ für die gesamte Lebensmittel-Wissenschaft. Unter Mitwirkung von W. Diemair-Frankfurt a. Main, F. Egger-Mannheim, R. Gistl-München, C. Griebel-Berlin, K. Lang-Mainz, A. F. Lindner-München, R. Plank-Karlsruhe, J. Schormüller-Berlin, F. Sierp-Essen, R. Strohecker-Gelsenkirchen, K. Täufel-Potsdam, H. Thies-München herausgegeben von **S. W. Souci**-München. Erscheint monatlich einmal mit der Beilage „Gesetze und Verordnungen betr. Lebensmittel". Jährlich erscheinen 2 Bände.

Preis des Bandes DMark 96.—

Holz als Roh- und Werkstoff. Unter Mitwirkung von Doz. Dr. G. Becker-Berlin-Dahlem, Prof. J. Campredon-Paris, Prof. Dr.-Ing. K. Egner-Stuttgart, Prof. Dr. A. Frey-Wyssling-Zürich, Prof. Dr. G. Giordano-Firenze, Prof. Dr.-Ing. e. h. O. Graf-Stuttgart, Prof. Dr. E. Hägglund-Stockholm, Prof. Dr. G. Jayme-Darmstadt, Doz. Dr.-Ing. R. Keylwerth-Reinbek, Dr.-Ing. W. Klauditz-Braunschweig, Prof. Dr. G. G. Klem-Vollebekk, Prof. Dr. J. Liese-Eberswalde, Prof. Dr. H. Mark-Brooklyn, Prof. Dr. H. Mayer-Wegelin-Hann.-Münden, Dr.-Ing. D. Narayana-murti-Dehradun, Dr. R. Runkel-Reinbek, Prof. Dr. F. Siimes-Helsinki, Prof. E. Suenson-København, Doz. Dr. B. Thunell-Stockholm, Dr. L. Vor-reiter-Wien, Prof. Dr. A. v. Wacek-Graz, Prof. Dr.-Ing. A. Ylinen-Helsinki herausgegeben von Prof. Dr.-Ing. **F. Kollmann**-Reinbek. 9. Jahrgang. 1951. Monatlich erscheint ein Heft im Umfang von 40 Seiten Din A 4

Vierteljährlich DMark 10.—; Einzelheft DMark 4.—

Für Studierende ermäßigt sich der Bezugspreis auf vierteljährlich DM 8.—

Das Programm der Zeitschrift: In der Zeitschrift „Holz" werden hervorragende Fachleute aus der Praxis, Wirtschaft, Industrie und Verwaltung ständig berichten über die biologischen, chemischen, physikalischen und technologischen Eigenschaften des Holzes, alle Verfahren seiner Verarbeitung, Bearbeitung und Veredelung, Ausnutzung von minderwertigen Hölzern und Holzabfällen, Zerspanung des Holzes mit Sägen, Fräsen, Hobel- und Abrichtmaschinen, das Bohren, Stemmen, Stanzen, Schleifen und Oberflächenbehandlung, spanlose Verformung, Biegen und hydraulische Druckverformung, Verleimung, Vernagelung, Verdübelung, Holzschutz und Holztrocknung, Anwendung der Hochfrequenztechnik in der Holzindustrie, Erzeugung von Zellstoff und Papier, Faser- und Spanplatten, Kunstfasern, Folien, Kunststoffen, Holzzucker und Alkohol, Ligninverwertung, Holzverbrennung, Verkohlung und Vergasung, alle Fragen moderner Betriebswirtschaft.

[Holz als Roh- und Werkstoff.]

Die stoffliche Behandlung erfolgt in Originalarbeiten, kleineren Mitteilungen über technische Neuerungen in der Praxis und über Versuchsergebnisse der Wissenschaft, in Berichten über Normen und Gemeinschaftsarbeiten sowie Fachveranstaltungen, ferner in Entwürfen von Merkblättern und allgemeinen Richtlinien.

Die mit größter Sorgfalt bearbeiteten umfangreichen Schrifttumsberichte — etwa ein Drittel des Heftumfanges — sind wieder systematisch gegliedert und bringen in knapper Form den Inhalt der wichtigen deutschen und ausländischen Literatur über Holz.

Den Abschluß eines jeden Heftes bilden: Holzeigenschaftstafeln mit Angaben über Verbreitung, anatomische Eigenschaften, physikalische Daten, chemische Bestandteile, Festigkeitseigenschaften und Verwertung der Nutzhölzer, Betriebstabellen mit zuverlässigen Verfahrensangaben zur Holztrocknung, Holzbearbeitung usw.

Heidelberger Beiträge zur Mineralogie und Petrographie. Unter Mitwirkung von Professor Dr. C. W. Correns-Göttingen, Professor Dr. F. K. Drescher-Kaden-München und Professor Dr. H. Steinmetz-München herausgegeben von Professor Dr. **O. H. Erdmannsdörffer**-Heidelberg. Erscheinen zwanglos in einzeln berechneten Heften, die zu Bänden vereinigt werden.

Erster Band: Heft 1. Mit 62 Textabbildungen. 120 Seiten. 1947.

DMark 14.60

Inhaltsübersicht: Beiträge zur Reaktionsfähigkeit der Silikate bei niedrigen Temperaturen. I. Mitteilung. Reaktionen zwischen Kaolin und NaOH. II. Mitteilung. Die Strukturen Na_2O-reicher Carnegieite. Von W. BORCHERT und J. KEIDEL-Heidelberg. Zusammenhänge zwischen einer seltenen Haloerscheinung und der Gestalt der Eiskristalle. Von H. STEINMETZ und H. WEICKMANN. Beiträge zur Petrographie des Odenwaldes. II. Die Diorite des Bergsträßer Odenwaldes und ihre Entstehungsweise. Von O. H. ERDMANNSDÖRFFER-Heidelberg. Kristallgröße und Abkühlung. Von H. G. F. WINKLER-Göttingen. Orientierte Aufwachsung von Scheelit auf Wolframit. Von P. RAMDOHR-Berlin. *Mineralogische Notizen* aus dem Mineralogisch-Petrographischen Institut Heidelberg. 1. Über Kolbeckit. Von R. SCHROEDER und W. BORCHERT-Heidelberg. 2. Kristallographische und röntgenographische Bestimmungen am „Wittichenit von Sadisdorf". Von W. BORCHERT und R. SCHROEDER-Heidelberg. 3. Einregelung nach dem Periklingesetz „mit verminderter Symmetrie". Von E. NICKEL-Heidelberg.

Heft 2/3. Mit 109 Textabbildungen und 1 Tafel. 220 Seiten. 1948.

DMark 26.—

Inhaltsübersicht: Petrogenese im Grundgebirge des Südschwarzwaldes. Von D. HOENES. Verfärbung von Steinsalz durch Röntgenstrahlen. Von W. BORCHERT-Heidelberg. Magmatische und metasomatische Prozesse in Graniten, insbesondere Zweiglimmergraniten. Von O. H. ERDMANNSDÖRFFER und M. PETERS-RADZYK-Heidelberg. Zusammenhang zwischen Kristallgröße und Salbandabstand bei magmatischen Gang-Intrusionen. Von H. G. F. WINKLER-Göttingen. Petrogenetische Studien zum Granulitproblem an Gesteinen der Münchberger Masse. Von J. A. SCHÜLLER-Berlin.

Heft 4. Mit 85 Textabbildungen, 9 Diagrammen, 1 petrographischen Karte und 6 Tafeln im Text. 174 Seiten. 1948.   DMark 19.60

[Heidelberger Beiträge zur Mineralogie und Petrographie.]
Inhaltsübersicht: Abtrennung und Bestimmung von kolloidalen Kornklassen mit einer Durchlaufzentrifuge. Von K. JASMUND-Göttingen. Die mikroskopische Unterscheidung von Mineralen der Karbonatgruppe. Von H. SCHUMANN-Göttingen. Rechenschema für PATTERSON-Analysen. Von W. BORCHERT-Heidelberg. Über zwei Cölestinvorkommen vom nördlichen Alpenrand. Von H. STEINMETZ-München. Plagioklaseinschlüsse in Sanidineinsprenglingen der Nevadite von den Cerros Alifragas. Von E. NICKEL-Heidelberg. Ein metamorphes Erzgefüge. Von D. SCHACHNER-KORN-Aachen. Beiträge zur Petrographie des Odenwaldes. IV. Wechselbeziehungen zwischen Dioriten, Graniten und Schiefern im westlichen Odenwald. Von E. NICKEL-Heidelberg. Ein Nomogramm zur Bestimmung der veränderlichen Lichtbrechungsquotienten in beliebigen Schnitten optisch ein- und zweiachsiger Kristalle, sowie zur Bestimmung des Achsenwinkels 2 V. Von S. KORITNIG-Göttingen. Über das Gleitvermögen der Glimmer. Von H. SEIFERT-Münster Westf. Über das anomale Mischsystem Kryolith Na_3AlF_6-Thenardit Na_2SO_4. Von H. SEIFERT-Münster/Westf.

Heft 5/6. Mit 65 Textabbildungen und 20 Diagrammen. 207, IV Seiten. 1949. DMark 28.60

Inhaltsübersicht: Das Messen optischer Gangunterschiede mit Drehkompensatoren. Von R. MOSEBACH-Tübingen. Beiträge zur Kenntnis der Lagerstätten dichten Magnesits. I. Mitteilung: Der Tremolitdunit vom Galgenberg bei Zobten. Von K. SPANGENBERG-Heidenheim. Beiträge zur Kenntnis der Lagerstätten dichten Magnesits. II. Mitteilung: Die Zersetzungsprodukte des Olivins aus dem Muttergestein der Lagerstätte dichten Magnesits vom Galgenberg bei Zobten. Von K. SPANGENBERG-Heidenheim. III. Mitteilung: Die hydrothermale Zersetzung des Peridotits bei der Bildung der Magnesitlagerstätte am Galgenberg bei Zobten. Von K. SPANGENBERG und M. MÜLLER-Heidenheim. Die lateritische Zersetzung des Peridotits bei der Bildung der Nickelerzlagerstätte von Frankenstein in Schlesien. Von K. SPANGENBERG und M. MÜLLER-Heidenheim. Ein Plagioklas-Charnockit vom Typus Akoafim und seine Stellung innerhalb der Charnockitserie. Von A. SCHÜLLER-Berlin. Zur Kristallchemie des Zinnsteins (Kassiterit). Von W. NOLL-Darmstadt. Das Serpentinit-Gabbro-Vorkommen von Wurlitz und seine Mineralien (Grünschieferzone der Münchberger Gneismasse). Von F. ROST-München. Nachweis von Nickel in der Phosphorsalzperle. Von H. SCHUMANN-Göttingen. Die Herkunft des Mo, V, As und Cr im Wulfenit der alpinen Blei-Zinklagerstätten. Von F. HEGEMANN-München. Sachverzeichnis. Ortsverzeichnis. Kartenverzeichnis.

Zweiter Band: Heft 1/2. Mit 31 Textabbildungen und 3 Diagrammen. 188 Seiten. 1949. DMark 29.60

Inhaltsübersicht: Das Keratophyr-Weilburgit-Problem. Von E. LEHMANN-Gießen. Eine Differenzmethode zur Erhöhung der Meßgenauigkeit und Erweiterung des Meßbereiches normaler Drehkompensatoren. Von R. MOSEBACH-Tübingen. Ein einfaches Verfahren zur Erhöhung der Meßgenauigkeit kleiner optischer Gangunterschiede. Von R. MOSEBACH-Tübingen. Bemerkungen zur Zwillingsbildung bei Plagioklasen. Von E. NICKEL-Heidelberg.

Heft 3. Mit 41 Textabbildungen. 80 Seiten. 1950. DMark 19.60

Inhaltsverzeichnis: Über den Schwermineralgehalt der von P. SABBAN untersuchten Heidesandproben. Von H. SCHUMANN-Göttingen. Neue Mineralvorkommen aus den Ostalpen. I. Mitteilung. Von H. MEIXNER-Hüttenberg. Chemische Untersuchungen an devonischen Dolomiten des Bergzuges Plabutsch-Buchkogel bei Graz.

[Heidelberger Beiträge zur Mineralogie und Petrographie.]
Von J. HANSELMAYER-Graz. Übermikroskopische Untersuchung von Zinkoxyden. Versuch einer Ultra-Mikromorphologie. Von H. STRUNZ-Regensburg und R. MELDAU-Münster i. Westf. Die nichtkarbonatischen Bestandteile des Göttinger Muschelkalkes mit besonderer Berücksichtigung der Mineralneubildungen. Von H. FÜCHTBAUER-Mölme. Über Spaltbarkeit und Kristallstruktur. Von H. G. F. WINKLER-Göttingen.

Heft 4.   Mit 45 Textabbildungen.   114 Seiten.   1950.   DMark 32.80

Über den Nachweis von echtem Leverrierit in Tonsteinen aus unterkarbonischen Steinkohlenflözen von Dobrilugk. Von A. SCHÜLLER und H. GRASSMANN-Berlin. Über einen ungewöhnlichen Saponit von Raschau i. Sachsen. Mineralogische, bodenphysikalische und lagerstättenkundliche Untersuchungen. Von A. SCHÜLLER, R. KÖHLER-Berlin und H. REH-Jena. Die Lagerstätte von Broken Hill in New South Wales in Lichte der neuen geologischen Erkenntnisse und erzmikroskopischer Untersuchungen. Von P. RAMDOHR-Berlin (jetzt Heidelberg). Die Entwicklung und jetzige Stellung des Granitproblems. Von O. H. ERDMANNSDÖRFFER-Heidelberg. Der Feldspatbasalt des „Hohen Hagen" bei Dransfeld. Von K. H. WEDEPOHL-Göttingen.

Studium Generale. Zeitschrift für die Einheit der Wissenschaften im Zusammenhang ihrer Begriffsbildungen und Forschungsmethoden. Herausgegeben von **K. H. Bauer, L. Curtius, H. v. Einem, F. Ernst, H. Friedrich, W. Fucks, E. Hoffmann, E. v. Holst, K. Jaspers, A. E. Jensen, A. Jores, H. Kuhn, Fr. Oehlkers, H. Peters, E. Preiser, K. Reidemeister, F. H. Rein, W. Röpke, H. H. Schaeder, R. Smend, G. Söhngen, H. Thielicke, J. Trier, C. Troll, A. Weber, C. F. v. Weizsäcker, H. Wenke, J. Zutt.** Schriftleitung: **M. Thiel.** Erscheint vorerst etwa monatlich in einzeln berechneten Heften von etwa 64 Seiten Umfang.

Preis des Heftes DMark 4.80 bis DMark 6.60

Studierende erhalten auf diesen Preis einen Nachlaß von 20%.

Siehe auch Seite 95!

Namenverzeichnis

(Die in Klammern gesetzten Ziffern sind Band- bzw. Heftziffern.)

König, R. 14.
— H. s. Grundlehren (XI) 4.
Kopfermann, H. s. Ergebnisse (XXII) 20.
Koppe, H. s. Ergebnisse (XXIII) 21.
Koppenfels†, W. v. s. Prange 15.
Koritnig, S. s. Heid. Beiträge (I 4) 85.
Kortüm, G. s. Anleitungen (II) 46.
— s. Physik d. Hochpolym. (II) 30.
Köster, W. s. Metallkunde 67.
Köthe, G. s. Grundlehren (LVI) 8, 12.
Krainer, H. 70.
Kratky, O. s. Physik d. Hochpolym. (II), (III) 30.
Kraut, H. s. Chemie, Physiol. (I) 54.
Krönig, W. 64.
Küchler, L. 25.
Kühn, A. s. Naturwiss. 80.
Kuhn, H. s. Stud. Gen. 86.
— W. s. Chemie, Physiol. (I) 53.
Kukuk, P. s. Geologie 76.
Kuprianoff, J. 64.
Kurtenacker, A. s. Fresenius' Zeitschr. 83.

Lamla, E. s. Naturwiss. 80.
Landolt-Börnstein 26.
Langbein, F. s. Meyer 68.
Lang, K. s. Handbuch (III 2a) 58.
— s. Hoppe-Seyler-Thierfelder 60.
— s. Zeitschr., Biochem. 81.
— s. Zeitschr. f. Lebensm. 83.
Lange, W. 64.
Langenbeck, W. 65.
Laue, M. v. 28.
— s. Naturwiss. 80.
— s. Zeitschr. f. Physik 81.
Lax, E. s. Taschenbuch 38, 74.
Lehl-Thalinger, M. s. Handbuch (III 2b) 58.
Lehmann, E. s. Heidelb. Beiträge (II 1/2) 85.
Lehnartz E. 65.
— s. Chemie, Physiol. (I) 53, (II) 54.
— s. Hoppe-Seyler Thierfelder 60.
Liese, J. s. Holz 83.
Lindner, A. s. Zeitschr. f. Lebensm. 83.
Lösch, F. s. Erg. angew. Mathematik 2.
— s. Tafeln 17.
Lücke, K. s. Masing 66.
Ludwig, H. s. Bode 49.
Luther, H. s. Suhrmann 37.
Lux, H. 65.

Maak, W. s. Grundlehren (LXI) 11.
Maaß, H. s. Sitzungsberichte (1) 17.
Madelung, E. s. Grundlehren (IV) 3.
Magnus, W. s. Grundlehren (LII) 6, (LV) 8.
Mahl, H. s. Ergebnisse (XXI) 20.
Mähly, H. J. s. Ergebnisse (XXIV) 21.
Maier, W. s. Ergebnisse (XXIV) 21.
Marguerre, K. s. Festigkeitsprobleme 21.
— s. Grundlehren 12.
Mark, H. s. Holz 83.
Marquardt M. 66.

Marschall, H. s. Grundlehren (LIII) 7.
Martius, H. s. Naturwiss. 80.
Masing, G. 66.
Mayer-Kaupp, H. s. Fortschritte 82.
Mayer-Wegelin, H. s. Holz 83.
Meisenheimer, H. s. Physik d. Hochpolym. (II) 30.
Meissner, W. s. Physik, Techn. 31.
— s. Struktur 37.
— s. Zeitschr. f. angew. Physik 81.
Meixner, H. s. Heidelb. Beiträge (II 3) 85.
— J. s. Grundlehren 13.
Meldau, R. s. Heidelb. Beiträge (II 3) 86.
Mesmer, G. s. Festigkeitsprobleme 21.
Mettler, E. s. Erg. angew. Mathematik 2.
Meyer, A. F. 68.
— zur Capellen, W. 14.
— -Eppler, W. s. Ergebn. (XXIII) 21.
— -König, W. s. Erg. angew. Mathematik 2.
Mittasch, A. s. Sitzungsberichte (2) 73.
Möhle, H. s. Meyer 68.
Möller, E. Fr. s. Fortschritte (II 1) 82.
Moncorps, C. s. Gebelein 2.
Mosebach, R. s. Heid. Beiträge (I 5/6), (II 1/2) 85.
Müller, A. s. Hopff 60.
— E. s. Chemie, Org. 52, (I) 52.
— Fortschritte (I 1/2) 82.
— H. s. Chemie, Physiol. (I) 54.
— M. s. Heid. Beiträge (I 5/6) 85.
Münster, A. 28.
— s. Physik d. Hochpolym. (II), (III) 30.

Nagy, B. v. Sz. s. Zentralbl. f. Math. 80.
Narayanamurti, D. s. Holz 83.
Neiss, F. 14, 15.
Nesselmann, K. 28.
Neuberg, C. s. Biochem. Zeitschr. 81.
Neugebauer, O. s. Zentralbl. f. Math. 80.
Neumann, C. s. Annalen, Math. 80.
Nevanlinna, R. s. Grundlehren 12.
— s. Zeitschr. Math. 80.
— s. Zentralbl. f. Math. 80.
Nickel, E. s. Heid. Beiträge (I 1) 84, (I 4), (II 1,2) 85.
Niehrs, H. s. Ergebnisse (XXIII) 21.
Niezoldi, O. 68.
Nitsche, R. s. Chemie u. Technol. 54, (I) 54.
Noether, E. s. Grundl. (XXXIII) 5.
Noll, W. s. Heid. Beiträge (I 5/6) 85.
Nöbeling, G. s. Grundlehren 12.
Nowotny, H. s. Chemie, Anorg. 52.
Nürnberg, W. s. Arch. f. Elektrotechn. 81.

Oberhettinger, F. s. Grundlehren (LII) 6, (LV) 8.
Oehlkers, Fr. s. Stud. Gen. 86.

Ohlinger, H. s. Technologie 74.
Olszewski, W.† s. Klut-Olszewski 62.
Ostmann, H. H. s. Erg. Mathematik 2.

Pahlen, E. v. d. s. Astrophys. Zeitschr. 81.
Pajenkamp, H. s. Fortschritte (I 3) 82.
Paquin, A. M. s. Technologie 74.
Perron, O. s. Math. Z. 80.
Peters, Cl. s. Fortschritte (I 4) 82.
— H. s. Stud. Gen. 86.
Peterlin, A. s. Physik d. Hochpolym. (II) 30.
Peters-Radzyk, M. s. Heid. Beiträge (I 2/3) 84.
Petersson, H. s. Sitzungsberichte (8) 17.
Pflier, P. M. 29.
Piwowarsky, E. 69.
Ploetz, Th. s. Chemie, Physiol. (I) 54.
Pflüger, A. 30.
Plank, R. s. Zeitschr. f. Lebensm. 83.
Pohl, R. W. 34.
— s. Naturwiss. 80.
— s. Zeitschr. f. Physik 81.
Pohland, E. s. Handbuch (III 2b) 58.
Pöschl, Th. 35.
Prange, G.† 15.
Preiser, E. s. Stud. Gen. 86.
Proske, O. s. Analyse d. Metalle 45.

Rademacher, H. s. Grundlehren (XLI) 5.
Radon, J. s. Zentralbl. f. Math. 80.
Raether, H. s. Ergebnisse (XXII) 20, (XXIV) 21.
Ramdohr, P. s. Heid. Beiträge (I 1) 84, (II 4) 86.
Rapatz, F. 70.
Rauh, W. s. Sitzungsberichte (12) 44.
Reh, H. s. Heid. Beiträge (II 4) 86.
Reidemeister, K. s. Annalen, Math. 80.
— s. Grundlehren 12.
— s. Stud. Gen. 86.
Rein, H. F. s. Naturwiss. 80.
— s. Stud. Gen. 86.
Rellich, F. s. Math. Annalen 80.
Reppe, W. 70.
Richter, F. s. Beilstein 47, 48.
Riediger, B. 71.
Rienäcker, G. s. Handbuch (III 3) 58.
Rohrbach, H. 16.
Röpke, W. s. Stud. Gen. 86.
Rost, F. s. Heid. Beiträge (I 5/6) 85.
Roth, W. A.† s. Landolt-Börnstein 26.
Runge, C.† s. Grundlehren (XI) 4.
Runkel, R. s. Holz 83.
Ruthardt, K. s. Anleitungen (I) 45.
— s. Handbuch (II 8 b β) 57.
Ryschkewitsch, E. 71.

Salmang, H. 72.
Sanden, K. v. s. Ing.-Arch. 81.
Sauer, R. s. Grundlehren 13, 36.

SPRINGER-VERLAG / BERLIN · GÖTTINGEN · HEIDELBERG

Fortschritte der chemischen Forschung

Herausgegeben von

F. G. Fischer
Würzburg

H. W. Kohlschütter
Darmstadt

Kl. Schäfer
Heidelberg

Schriftleitung

H. Mayer-Kaupp
Heidelberg

Die ,,Fortschritte" erscheinen zwanglos in einzeln berechneten Heften, von denen je vier zu einem Band von etwa 50 Bogen vereinigt werden.

Preis je Band etwa DMark 60.—

Die ,,Fortschritte der chemischen Forschung" haben sich bereits mit dem ersten abgeschlossenen Band als internationales Organ für Fortschrittsberichte aus dem Gesamtgebiet der Chemie durchgesetzt. Die einhellig positive Aufnahme durch die Kritik der in- und ausländischen Fachzeitschriften sowie die rege Mitarbeit bedeutender Forscher verschiedener Nationen zeigen den Herausgebern und dem Verlag, daß sie mit der Gründung dieser Zeitschrift auf dem richtigen Wege waren. Die Zielsetzung bleibt daher unverändert. Die ,,Fortschritte" werden, wenn eine Reihe von Bänden vorliegen werden, ein getreues Bild des Standes und der Entwicklungstendenzen der modernen Chemie vermitteln und einen nützlichen Beitrag zur Überwindung der Fachzersplitterung geleistet haben.

Siehe auch Seite 82 dieses Kataloges

Körperbau und Charakter
Untersuchungen zum Konstitutionsproblem und zur Lehre von den Temperamenten

Von

Dr. Dr. h. c. **Ernst Kretschmer**

ord. Professor für Psychiatrie und Neurologie in Tübingen

Zwanzigste, wesentlich verbesserte und vermehrte Auflage
Mit 71 Abbildungen. XI, 349 Seiten. 1951
Ganzleinen DMark 24.—

Inhaltsübersicht:

Der Körperbau. Methodisches. Die Körperbautypen. Gesichts- und Schädelbau. Körperoberfläche. Die dysplastischen Spezialtypen. Vegetative und endokrine Funktionen. Konstitutionsaufbau. — **Die Temperamente.** Charakterologische Familienforschung. Die cycloiden Temperamente. Die schizoiden Temperamente (Allgemeiner und spezieller Teil). Die cyclothymen und schizothymen Durchschnittsmenschen. Die viscösen Temperamente der Athletiker. Experimentelle Typenpsychologie. Konstitution und Leistung. Konstitution und Verbrechen. Die Genialen. — **Theorie der Temperamente und Typen.** Theorie der Temperamente. Der Konstitutionstypus als naturwissenschaftliches und erkenntnistheoretisches Problem.

Geniale Menschen

Von

Dr. Dr. h. c. **Ernst Kretschmer**

ord. Professor für Psychiatrie und Neurologie in Tübingen

Mit einer Porträtsammlung
Vierte Auflage. 16. bis 20. Tausend. V, 217 Seiten. 1948
Halbleinen DMark 18.60

Aus dem Vorwort:

Auch in dieser Neuauflage ist an den tragenden Grundgedanken nichts zu ändern. Doch ist der Text sorgfältig durchgesehen und in Kleinigkeiten geglättet und verbessert. Verschiedene größere Einbauten wurden dort vorgenommen, wo neue naturwissenschaftliche, historische und biographische Ergebnisse vorlagen, oder aus älteren Quellen wertvolle Abrundungen von Persönlichkeitsbildern zu Gesicht kamen. Von naturwissenschaftlichen Ergebnissen wurden die Forschungen von Gottschaldt u. a. über Vererbung der Begabung auf Grund moderner Zwillingsmethoden berücksichtigt, im selben Kapitel übrigens auch einiges über die Vererbung in den Familien von Schiller und Haydn ergänzt. Das Vorwort der dritten Auflage mit den naturwissenschaftlichen Feststellungen über Inzucht und Kreuzung und die Rolle der zerfallsgeneigten Extremvarianten wurde in seinen wesentlichen Teilen dem Buchtext selbst im vierten Kapitel eingebaut. In dem Goethekapitel sind einige klare Aussagen Goethes und seiner Mitarbeiter über seine eigene zyklische Veranlagung und über das Pathologische einzelner Lebensphasen und im Genie überhaupt eingefügt. So wie in der dritten Auflage neuere Arbeiten über Paracelsus, Behring, Linné und Moltke verwertet werden konnten, sind diesmal Berichte und Tatsachen über Calvin, Bismarck, Goethe, Mörike und D. F. Strauss ergänzt oder neu eingefügt.

SPRINGER-VERLAG / BERLIN · GÖTTINGEN · HEIDELBERG

STUDIUM GENERALE

Zeitschrift für die Einheit der Wissenschaften im Zusammenhang ihrer Begriffsbildungen und Forschungsmethoden

Herausgegeben von

K. H. Bauer · L. Curtius · H. v. Einem · F. Ernst · H. Friedrich · W. Fucks · E. Hoffmann · E. v. Holst · K. Jaspers · A. E. Jensen · A. Jores · H. Kuhn · Fr. Oehlkers
H. Peters · E. Preiser · K. Reidemeister · F. H. Rein · W. Röpke · H. H. Schaeder
R. Smend · G. Söhngen · H. Thielicke · J. Trier · C. Troll · A. Weber · C. F. v. Weizsäcker · H. Wenke · J. Zutt

Schriftleitung:

M. Thiel

Erscheint vorerst etwa monatlich in einzeln berechneten Heften
von etwa 64 Seiten Umfang

Preis des Heftes DMark 4.80 bis DMark 6.60
Studierende erhalten auf diesen Preis einen Nachlaß von 20%

Beiträge aus den Bereichen
der exakten Naturwissenschaften und der Technik:

1. Jahrgang, 1948

Das Experiment. Von Professor Dr. C. F. von Weizsäcker, Göttingen. — Raum und Erfahrung. Von Professor Dr. K. Reidemeister, Marburg a. d. Lahn. — Die Idee der Universität am Beispiel naturwissenschaft-
licher Erkenntnis. Von Professor Dr. F. Becker, Bonn. — Analogien und Modelle in der Physik. Von Professor Dr. R. Seeliger, Greifswald. — Über physikalisch-chemische Modelle von Lebensvorgängen. Von Professor Dr. K. F. Bonhoeffer, Berlin. — Über den Standort der Naturwissenschaften. Von Dr. W. Zedlitz,
Leipzig. — Über Kausalität in der Chemie. Von Professor Dr. P. Mittasch, Heidelberg. — Die Kausalität
in der Physik. Von Dr. G. Henry-Hermann, Bremen.

2. Jahrgang, 1949

Der Funktionsbegriff in der Physik. Von Professor Dr. A. Sommerfeld, München. — Der Funktionsbegriff
in der Mathematik und der Physik. Von Professor Dr. E. Madelung, Frankfurt a. M. — Das funktionale
Denken in der Mathematik. Von Dozent Dr. K. Strunz, Breitbach (Ufr.). — Beitrag zur Diskussion über Kausa-
lität. Von Professor Dr. C. F. Frhr. v. Weizsäcker, Göttingen. — Symmetrie. Von Professor Dr. W. J. von
Engelhardt, Göttingen. — Symmetrie und Polarität. Von Professor Dr. K. L. Wolf, Kirchheimbolanden
(Rheinpfalz). — Symmetrieprinzip und Naturwissenschaften. Von Professor Dr. P. Niggli, Zürich. — Über
Notwendigkeit und Möglichkeit einer neuen Naturwissenschaft. Bemerkungen zu der Abhandlung von W. Zed-
litz. Von Dr. rer. nat. H.-J. Höfert, Königsbronn.

3. Jahrgang, 1950

Besitzt die heutige Naturwissenschaft ein geschlossenes Weltbild? Von Professor Dr. E. Vogt, Marburg
a. d. Lahn. — Der Unstetigkeitsgedanke in der Physik. Von Professor Dr. W. Braunbek, Tübingen. Über
Kausalität, Finalität, Determination und Freiheit. Von Professor Dr.-Ing. P. von Handel, Staudach (Obb.). —
Zur Begriffsgeschichte der Elektrizitätslehre. Von Professor Dr. W. Kossel, Tübingen. — Die mathematische
Struktur eines Wissensgebietes und ihre Festlegung. Von Professor Dr. A. Schmidt, Marburg a. d. Lahn.

4. Jahrgang, 1951

Die Technik und die physische Zukunft des Menschen. Von Professor Dr.-Ing. W. Fucks, Aachen. — Biologie
und Technik. Von Professor Dr. G. Steiner, Heidelberg. — Gottes Schöpfung in technischer Forschung und
Arbeit. Von Professor Dr. D. J. P. Steffers, Münster i. Westf. — Wesen und Sendung des Ingenieurs. Von
Direktor Dipl. Ing. K. F. Steinmetz, Berlin. — Kollektivismus und Technik. Von Professor Dr. D. Brink-
mann, Zürich. — Die Philosophen und die Technik. Von Dozent Dr. K. Rossmann, Heidelberg.

Siehe auch Seite 86 dieses Kataloges

Die Naturwissenschaften

Begründet von A. Berliner und C. Thesing

Unter besonderer Mitwirkung von

Erich v. Holst

herausgegeben von

Ernst Lamla

Beirat:

J. Bartels · E. Bederke · H. Brockmann · P. ten Bruggencate · C. W. Correns
H. v. Ficker · R. Grammel · O. Hahn · R. Harder · M. Hartmann · W. Heisenberg
K. Henke · A. Kühn · M. v. Laue · H. Martius · R. W. Pohl · H. Rein

Organ der Max-Planck-Gesellschaft zur Förderung der Wissenschaften
Organ der Gesellschaft Deutscher Naturforscher und Ärzte

Erscheinen zweimal monatlich. Vierteljährlich DMark 12.—
Einzelheft DMark 2.50, zuzüglich Postgebühren

Die Mitglieder der Gesellschaft Deutscher Naturforscher und Ärzte erhalten die Zeitschrift bei direktem Bezug vom Verlag mit einem Nachlaß von 20%

Die Hefte 3—5 (Jahrgang 1951) enthalten die naturwissenschaftlichen Vorträge, welche auf der 96. Versammlung der Gesellschaft Deutscher Naturforscher und Ärzte vom 22.—25. Oktober 1950 in München gehalten wurden

Heft 3

50 Jahre Quantentheorie. Von Professor W. Heisenberg, Göttingen. — Über Materiewellen. Von Professor M. von Laue, Göttingen. — Die Quantentheorie in der Chemie. Von Professor P. Harteck, Hamburg.

Heft 4

50 Jahre Relativitätstheorie. Von Professor H. Weyl, Zürich. — Theorie und Erfahrung in der Kosmologie. Von Professor O. Heckmann, Hamburg. — Über Materie und Energie unter kosmischen Bedingungen. Von Professor H. Kienle, Heidelberg.

Heft 5

Ausdrucksbewegungen der höheren Tiere. Von Professor K. Lorenz, Altenberg (Niederösterreich). — Orientierungsvermögen und Sprache der Bienen. Von Professor K. von Frisch, München.

Verzeichnis der größeren Aufsätze und Berichte des 37. Jahrgangs (1950)*

Allgemeines, Geschichte der Naturwissenschaften, Persönliches.

Arnold Eucken †. Von E. Bartholomé. A. — Franz Ulrich Theodosius Aepinus. Zur 225. Wiederkehr seines Geburtstages. Von H. Pupke. A. — Robert Boyle (1627—1691) und die physischen Wissenschaften. Von Paul Walden. A. — Dem Gedächtnis von Carl Erich Correns nach einem halben Jahrhundert der Vererbungswissenschaft. Von Emmy Stein. A. — Zur Stellung der Wissenschaft im öffentlichen Leben. Von Friedrich Becker. A. — Vom Weltbild der Physik und seiner Erweiterung. Von Eberhard Buchwald. A. — Schopenhauer und die moderne Naturwissenschaft. Von Kurt Bloch. A. — Jena und Göttingen. Medizingeschichtliche Feststellungen aus dem Kräftespiel zwischen Spekulation und Experiment. Von B. v. Hagen. Ber. — Dokumente zur Choleraepidemie 1831. Von Benno von Hagen A. — Gesellschaft Deutscher Naturforscher und Ärzte.

Reine und angewandte Physik.

Hundert Jahre widerspruchsfreien Bestehens der beiden Hauptsätze der Thermodynamik. Von R. Plank. A. — Vom Weltbild der Physik und seiner Erweiterung. Von Eberhard Buchwald. A. — Wie entsteht ein Wirbel in einer wenig zähen Flüssigkeit? Von A. Betz. A. — Vorträge über Tonbildung bei Musikinstrument und Sprache. Von W. Lottermoser. Ber. — Istituto Nazionale di Ultracustica „O. M. Corbino" in Rom. Von Erwin Meyer. Ber. — Die erste Ultraschalltagung in Erlangen vom 2. bis 4. Mai 1949. A. Allgemeiner Teil. Von Gerhard Schmid. Ber. B. Medizinischer Teil. Von Ulrich Hintzelmann. — Über die Elektrizitätsleitung in Halbleitern. Von F. Stöckmann. Ber. — Ferdinand Braun und die Rückkopplung. Von J. Zenneck. A. — Die Sommerfeldsche Feinstrukturkonstante und das Problem der spektroskopischen Einheiten. Von Josef Brandmüller und Eduard Rüchardt. A. — Hundert Jahre Bravais-Gitter. Von Helmut G. F. Winkler. A. — Über die Energieschwellen beim Kristallwachstum. Von I. N. Stranski. A. — Über den Einfluß der Kristallstruktur auf die Adsorption von Fremdmolekeln. Von Rudolf Suhrmann. Ber. —

Schlierenoptik im Elektronenmikroskop. Von Hans König. A. — Das Phasenkontrastverfahren und seine Eignung für zytologische Untersuchungen. Von Kurt Michel. A. — Zur Deutung von Beobachtungen mit dem Phasenkontrastverfahren. Von Hans Wolter A. — Physikalische Vorgänge und biologische Wirkungen in mit schnellen Elektronen bestrahlten Objekten. Von W. Paul und G. Schubert. A. — Die physikalischen Voraussetzungen für das Arbeiten mit künstlich radioaktiven Substanzen. Von Luise Meyer-Schützmeister. A.

Geophysik, einschließlich Meteorologie.

Neue Einblicke in die Taifune. Von M. Rodewald. Ber.

Reine und angewandte Chemie.

Aus den Erinnerungen eines alten chemischen Zeitgenossen. Von Paul Walden. A. — Chemie und Vorgeschichtsforschung. Von W. Geilmann. A. — Aus der Chemie der Übergangselemente. Von Wilhelm Klemm. A. — Elektrophorese und Adsorptionsanalyse als Hilfsmittel zur Untersuchung hochmolekularer Stoffe und ihrer Zerfallsprodukte. Nobel-Vortrag, 13. Dezember 1948. Von Arne Tiselius. A. — Über das Vorkommen und die primäre Wirkung von Auxin und Heteroauxin. Von Hermann v. Guttenberg. Ber. — Neuere Beiträge zur Biochemie der Kohlensäureassimilation. Von André Pirson. A. — Analytische Grundlagen einer klinischen Spurenelementforschung. Von Hanns Wolff. A.

Mineralogie, Geologie, einschließlich Paläontologie, Geographie.

Goethes Geologie. Von Wolf v. Engelhardt. Ber. — Zur Frage der absoluten Geschwindigkeit geologischer Vorgänge. Von Gerhard Richter-Bernburg. A. — Die Klimaphasen der Würmeiszeit. Von Julius Büdel. A. — Aus den Abhandlungen der Geologischen Landesanstalt Berlin. Von E. Bederke. Ber. — Probleme der Humusforschung. Von F. Scheffer und E. Welte. A. — Grundlinien im Aufbau Afrikas. Von S. Passarge. A. — Wege und Ziele der Paläobotanik. Von Hermann Weyland. A.

* A. = Aufsatz, Ber. = Bericht

Siehe auch Seite 80 dieses Kataloges

SPRINGER-VERLAG / BERLIN · GÖTTINGEN · HEIDELBERG